HUMAIN 2.0

J'aimerais remercier mon père, Frank, qui m'a enseigné l'art du journalisme, de l'écriture et comment traiter des sujets difficiles ; ma mère, Emma, la personne la plus positive et la plus forte que j'ai connue ; et surtout mon beau-père, Ian, qui a repéré une petite annonce pour un bras bionique dans le journal. C'est grâce à lui que ce voyage a pu commencer, et je lui en serai éternellement reconnaissant.

Ce livre est dédicacé à tous les membres de ma famille et à tous mes amis qui m'ont permis d'être moi-même, et qui ont toujours cru en ce qui était possible. – **P.K.**

À ma femme, Huong « Bu », et ma fille, Dekye Dawa, qui m'offrent toutes deux une vie merveilleuse. – **S.R.**

MIXTE
Papier | Pour une gestion forestière responsable
FSC® C104723
FSC www.fsc.org

L'éditeur original souhaite remercier les contributeurs suivants : Le professeur Hugh Herr, Össur (www.ossur.com), EnChroma (www.enchroma.com), SecondSight (www.secondsight.com), Neil Herbisson, Claire Lomas, Blake Leeper et Richard Whitehead.

Première édition au Royaume-Uni par Templar
Édition originale en anglais sous le titre : *Human 2.0*

Pour l'édition originale :

4th Floor, Victoria House Bloomsbury Square, Londres WC1B 4DA
Propriété de Bonnier Books
Sveavägen 56, Stockholm, Suède
www.bonnierbooks.co.uk

Édition : Joanna McInerney • Maquette : Olivia Cook
Vérification des informations : Ross Mac Farlane
Fabrication : Ella Holden et Emma Kidd

Toutes les informations publiées ont été vérifiées par l'éditeur original à la date de première impression.
Toutes les images sont utilisées avec autorisation.
Toutes les illustrations sont des créations numériques.

Pour l'édition française :
Traduction de l'anglais : Laurent Laget • Correction : Charles Vitse

1, rond-point du Général-Eisenhower, 31101 Toulouse Cedex 9, France
editionsmilan.com

Dépôt légal : août 2024 • ISBN : 978-2-408-05037-5
Achevé d'imprimer au 2e trimestre 2024 en Chine
Plus d'informations sur la fabrication de nos livres :
editionsmilan.com/comment-fabriquons-nous-nos-livres
Tu vides tes étagères et connais déjà ce livre par cœur ? Donne-le !

HUMAIN 2.0

PATRICK KANE
SAMUEL RODRIGUEZ

milan

SOMMAIRE

AVANT-PROPOS

En 1982, j'ai souffert de graves gelures aux jambes lors d'un accident en haute montagne. J'ai dû être amputé sous les genoux. Par la suite, j'ai mis au point des prothèses qui m'ont permis de reprendre l'alpinisme, et même de pratiquer à un bien meilleur niveau qu'avant. Grâce à mes orteils rigides, j'ai pu me tenir sur des encoches minuscules, de la taille d'une pièce de monnaie. Équipé de crampons en titane, j'ai pu escalader des parois de glace verticales. La technologie m'a non seulement rendu mes capacités initiales, mais elle m'a permis de les dépasser. Cette prise de conscience m'a poussé à devenir ingénieur pour faire progresser les technologies bioniques et améliorer la qualité de vie des personnes porteuses de handicap.

Aujourd'hui, j'enseigne au MIT (l'institut de technologie du Massachusetts) et je codirige le centre de bionique K. Lisa Yang. Ce centre de recherches travaille à la transformation des prothèses passives en membres robotisés. Les appareils les plus perfectionnés sont dotés d'une communication nerveuse bidirectionnelle. Autrement dit, je peux à la fois contrôler ma prothèse par la pensée et sentir quand on la touche ou qu'elle bouge. Les dernières recherches laissent penser que cette communication à double sens aiderait les personnes équipées à reconnaître ces prothèses comme une extension de leur corps. La frontière entre le biologique, l'humain et l'artificiel se brouille, elle devient floue.

Bienvenue dans l'ère de l'humain 2.0.

Humain 2.0, de Patrick Kane, témoigne de cette nouvelle ère. Ce livre présente l'histoire du corps humain sous l'angle des innovations technologiques qui permettent d'en dépasser les limites biologiques. Cette tendance pointe vers un futur dans lequel le corps ne serait plus vu comme un tout immuable, mais comme un matériau malléable qu'on pourrait transformer à volonté. Dans cet avenir, l'être humain ne souffrirait plus de handicaps. Il pourrait librement choisir les fonctionnalités de son corps et de son esprit. J'espère que ce livre éclairera et inspirera les scientifiques, les inventeurs et les ingénieurs de demain, afin de poursuivre la grande histoire de l'adaptation du corps humain.

Hugh Herr

PROFESSEUR D'ARTS ET SCIENCES DES MÉDIAS
AU MEDIA LAB DU MIT

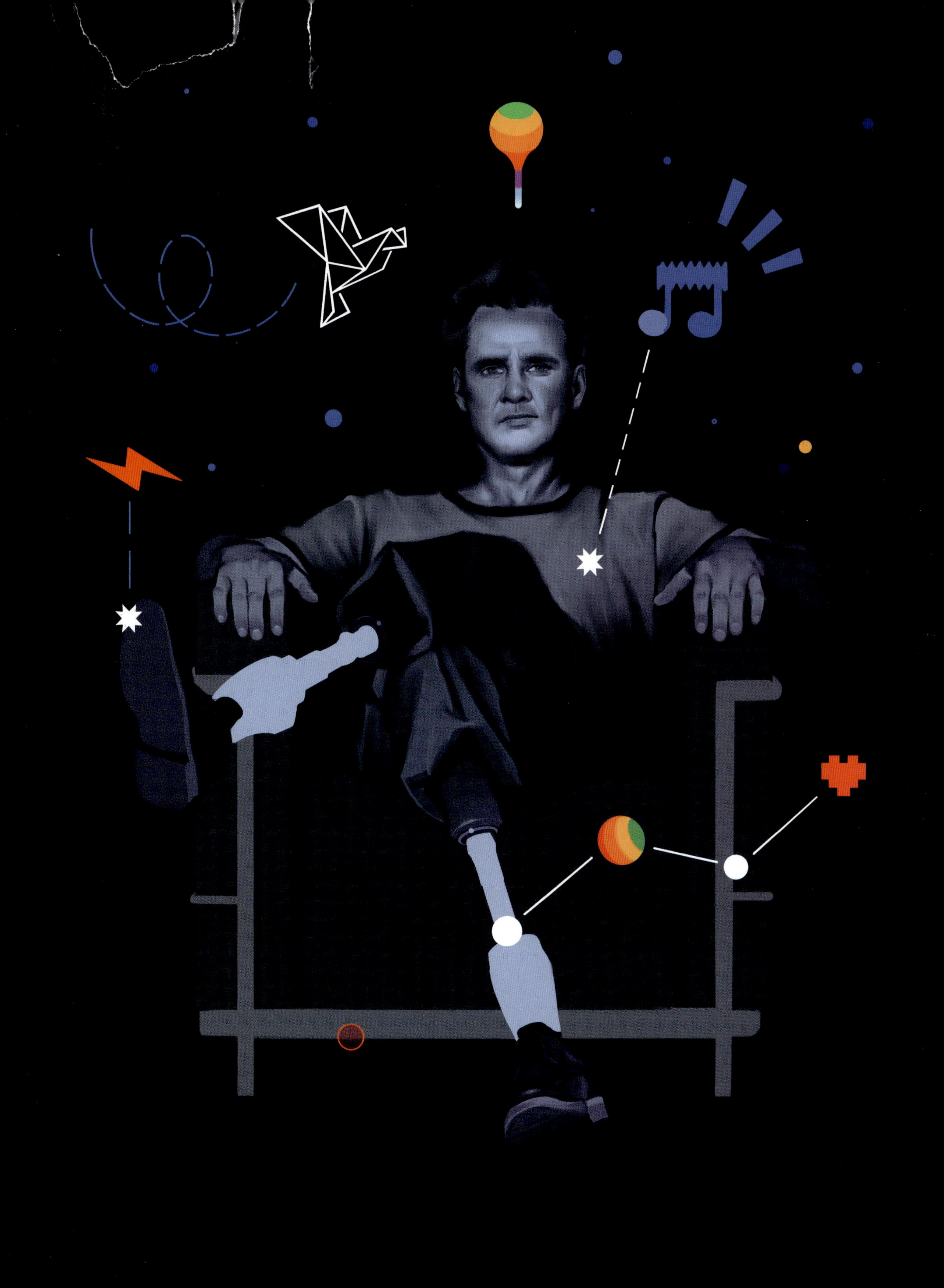

HUM 2

INTRODUCTION

Imagine un monde où on aurait des membres bioniques, un cœur assisté par moteur et des caméras à la place des yeux. Des cyborgs entendraient les couleurs et communiqueraient avec leurs dents. On courrait des marathons grâce à des squelettes robotisés, des enfants malentendants apprendraient à entendre avec des oreilles extracorporelles. Les personnes nées sans jambes pourraient se déplacer grâce à des prothèses en métal et fibres de carbone. D'autres seraient équipées de puces électroniques sous la peau pour commander l'ouverture des portes et payer leurs achats. Imagine ce monde où la technologie permettrait d'accomplir des choses incroyables… Ce monde, c'est le nôtre.

La technologie a transformé nos vies, et pas seulement grâce aux Smartphones et aux tablettes. Pour les personnes affectées par un handicap, les progrès technologiques ont dépassé ce qu'on pouvait imaginer et ont rendu de multiples choses possibles. La bionique fait partie de notre quotidien, même si on n'en est pas toujours conscient.

Ce livre présente les avancées les plus récentes qui cherchent à copier le fonctionnement du corps humain : de la main bionique (pages 32-33) aux implants cérébraux (pages 40-41). Il retrace aussi les principales étapes de l'histoire des prothèses. Enfin, il évoque les recherches en cours et leurs conséquences potentielles sur l'évolution de l'espèce humaine.

Le futur, c'est déjà aujourd'hui.

Découvre l'humain 2.0 !

LES PREMIÈRES PROTHÈSES

Depuis que les humains existent, le handicap existe aussi. Certains naissent avec un bras en moins, une main malformée, ou perdent une jambe dans un accident. Depuis des millénaires, les humains tentent de remplacer ces bras, jambes ou doigts qui manquent. Les premières prothèses qui ont été fabriquées ont révolutionné la vie de leurs utilisateurs. Celles que nous utilisons aujourd'hui, même si elles sont davantage perfectionnées, ressemblent à celles d'hier.

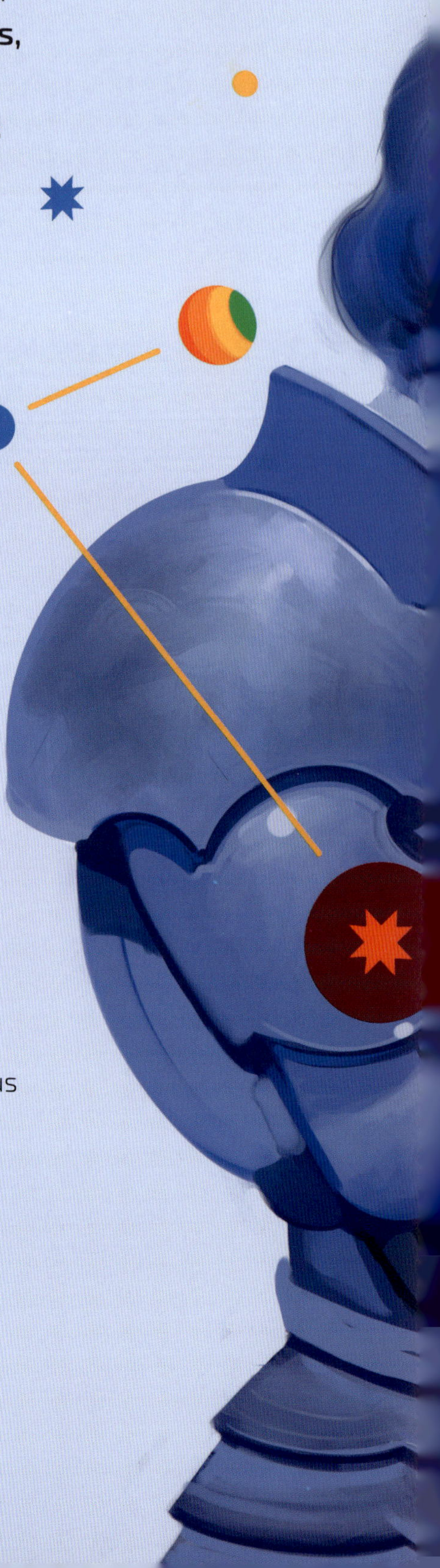

La plus ancienne prothèse (membre artificiel) connue appartenait à une noble égyptienne, il y a près de 3 500 ans. Un morceau de bois remplaçait son gros orteil du pied droit. Il était attaché au pied par une ficelle. Un faux ongle avait même été sculpté pour plus de réalisme. D'après les scientifiques, il aidait grandement cette femme à garder son équilibre.

Les premières mentions d'une prothèse dans un texte remontent à l'an 77 av. J.-C. On y évoque la main de fer du général romain Marcus Sergius (IIIe siècle av. J-C.). Il était considéré comme un des plus grands soldats de son temps, du fait de ses prouesses sur le champ de bataille. Il a été blessé à 23 reprises lors des deux campagnes militaires qu'il a menées, et a perdu sa main droite. Elle a été remplacée par une prothèse fixée à son bras, sans doute pour qu'il puisse tenir un bouclier.

LE COMTE GÖTZ VON BERLICHINGEN

Une des prothèses les plus connues est sans doute celle du chevalier Götz von Berlichingen, au début du XVIe siècle. Le comte, qui avait perdu une main dans un combat, a demandé à des artisans de lui confectionner une main de fer articulée avec des doigts et un pouce. Elle devait pouvoir se refermer pour qu'il puisse tenir les rênes de sa monture ou une arme. Son amour pour la guerre est devenu légendaire. Il aurait même inspiré l'expression « régner d'une main de fer ».

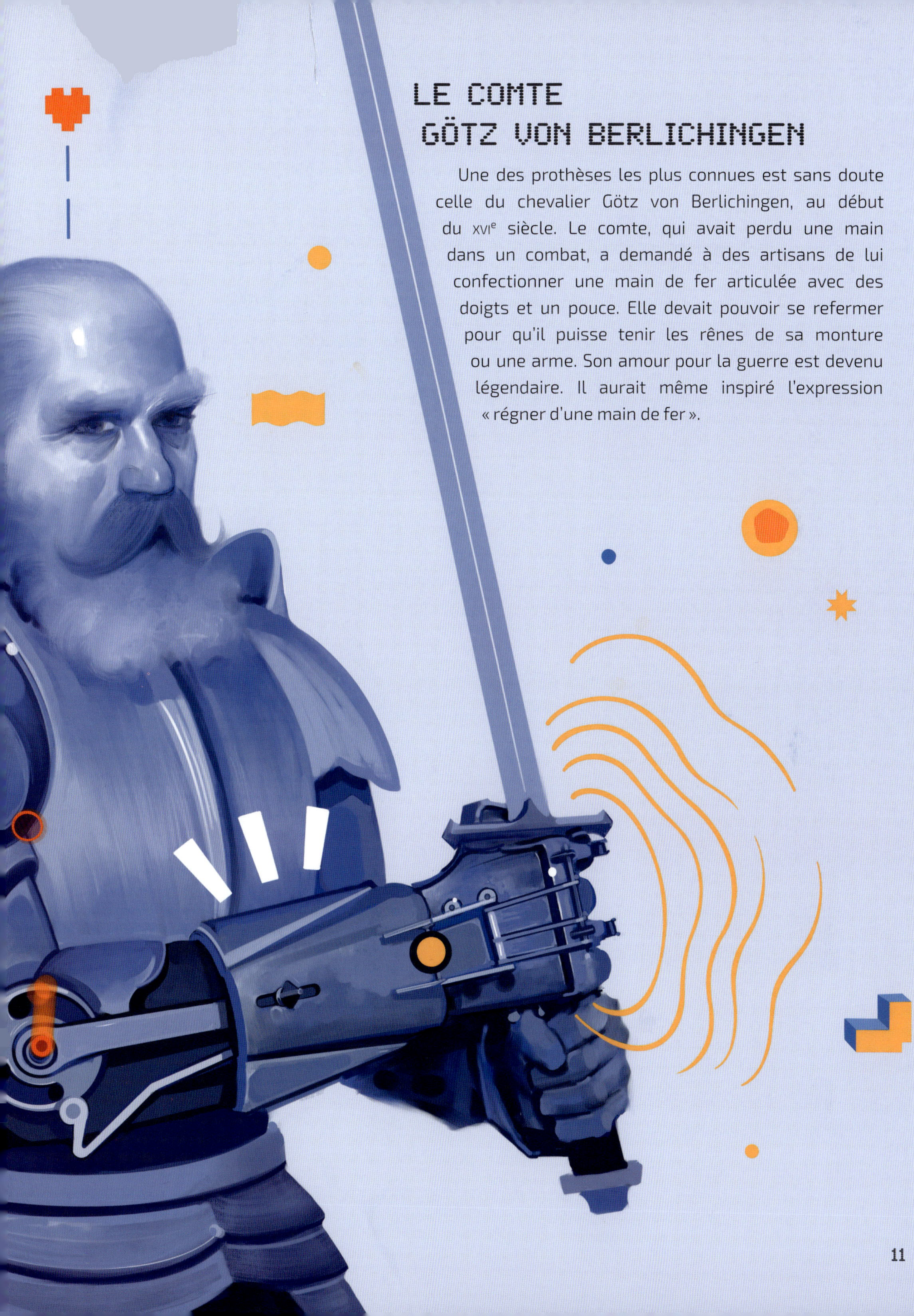

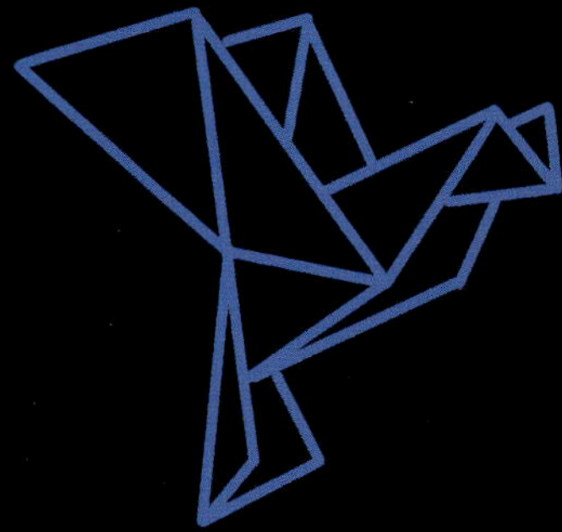

QU'EST-CE QUE LA BIONIQUE ?

La bionique permet de relier un élément artificiel à un organisme vivant par le biais de l'électronique. Le mot est formé du grec *bios*, qui signifie « vie », et de « électronique ». Il a été inventé à la fin des années 1950 par Jack E. Steele, médecin et ancien colonel de l'armée de l'air américaine.

Avant lui, le biophysicien américain Otto Schmitt avait déjà élaboré le concept de « biomimétisme » – qui consiste à reproduire de manière artificielle des processus biologiques.

En 1960, Steele donne une conférence ambitieuse. Il réunit un groupe d'experts pour travailler sur la question suivante : comment découvrir de nouvelles technologies en étudiant des phénomènes naturels ? C'est la biomimétique. Parmi les inventions les plus célèbres, il y a les maillots de bain au profil hydrodynamique, inspirés de la peau des requins ; les fermetures Velcro®, d'après les graines de bardane qui restent accrochées aux poils des animaux ; et la forme des avions, imaginée en observant le vol des oiseaux dans le ciel.

La conférence de Steele était intitulée : « Comment pouvons-nous y parvenir ? » Le terme « bionique » a ensuite été repris par l'écrivain Martin Caidin dans son roman *Cyborg* publié en 1972. Depuis, le terme « bionique » est entré dans le langage courant. Il est utilisé pour toutes sortes de prothèses.

MEMBRES BIONIQUES ET DISPOSITIFS IMPLANTABLES

Il y a deux grandes catégories de prothèses : les membres bioniques et les dispositifs implantables. Une prothèse peut être placée à l'extérieur du corps ou introduite dans le corps.

Un **membre bionique** est un élément artificiel qui vient remplacer une partie du corps qui manque, comme un bras ou une jambe. Il est relié au corps par une ceinture, une sangle ou un support. On peut facilement l'enlever et le remettre.

Le terme employé pour désigner un appareil placé à l'intérieur du corps lors d'une opération chirurgicale est **« dispositif médical implantable »**. Cet implant ne peut être retiré facilement puisqu'il nécessite un geste chirurgical. Il est conçu pour rester dans le corps. C'est le cas d'un stimulateur cardiaque (un « pacemaker ») ou d'un implant cochléaire.

Si un membre bionique ou un implant est équipé d'une batterie rechargeable, on parle de dispositif « actif », sinon, de dispositif « passif ». Par exemple, un implant cochléaire, qui aide à mieux entendre, est équipé d'une batterie externe à laquelle il est relié par un fil. Ainsi, il n'est pas nécessaire de procéder à une intervention chirurgicale à chaque fois qu'il faut changer la pile (voir pages 28-29).

PETITE HISTOIRE DES DISPOSITIFS IMPLANTABLES

Les dispositifs implantables nécessitent des technologies très perfectionnées. Le premier pacemaker a été implanté avec succès en 1958 (page 18). Depuis, les progrès en sciences et en ingénierie ont permis la mise au point et l'amélioration de toutes sortes de dispositifs. Aujourd'hui, près de 6 % des habitants des pays les plus riches sont équipés d'appareils qui améliorent leur qualité et leur espérance de vie.

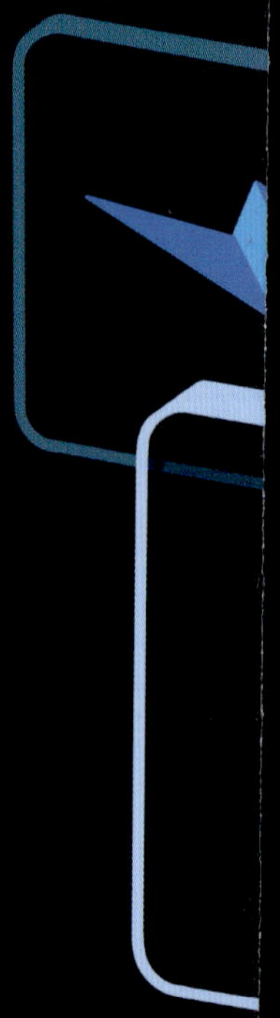

Si les dispositifs implantables sont récents, les principes scientifiques qui les sous-tendent sont anciens. Luigi Galvani, un savant italien du XVIIIe siècle, serait le premier à avoir découvert la bioélectricité, c'est-à-dire les signaux électriques qui parcourent les organismes vivants. En 1780, avec son épouse Lucia, il parvient à animer les pattes d'une grenouille morte en y faisant passer un courant électrique. Ils en déduisent que les muscles sont contrôlés par des impulsions électriques. Ce que Galvani appelait « électricité animale » est aujourd'hui connu sous le nom d'« électrophysiologie ». On s'appuie toujours sur ce principe pour créer des dispositifs implantables.

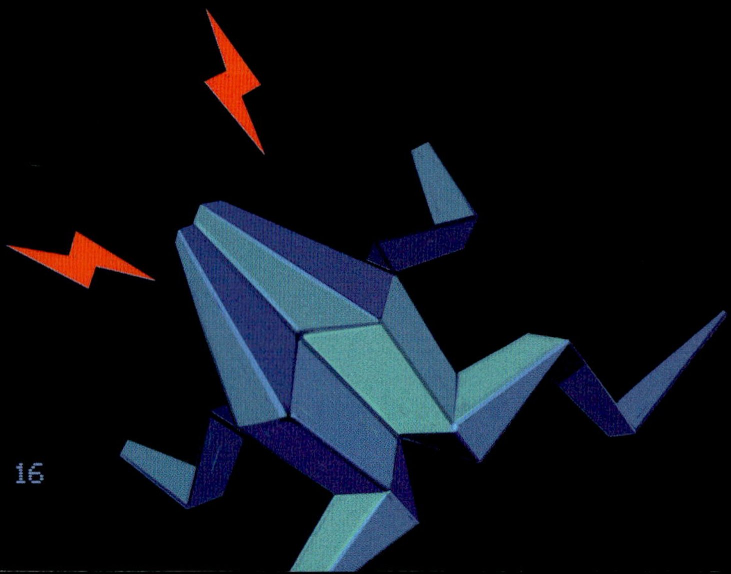

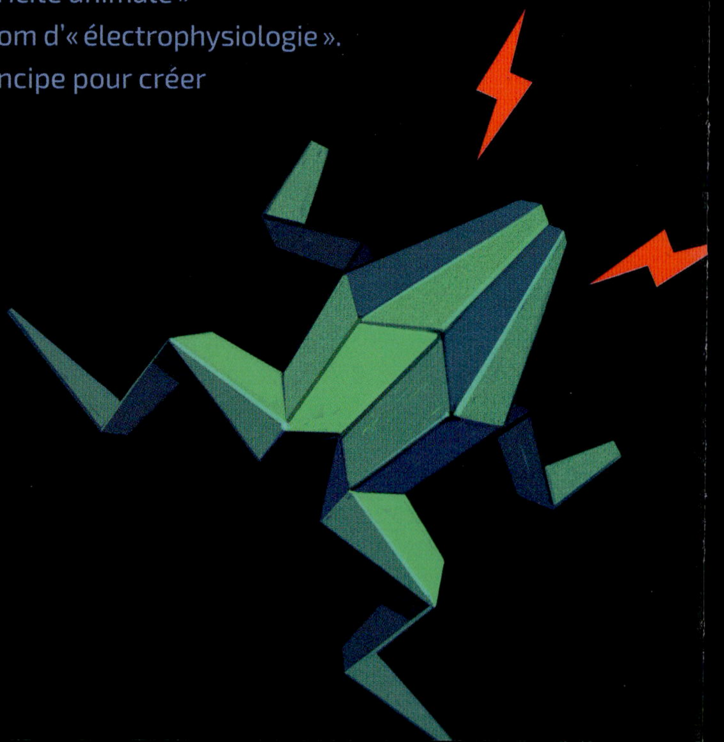

Les premiers pacemakers et implants cochléaires transmettaient les données via un réseau de fils électriques. On devait régulièrement changer les piles. Aujourd'hui, les pacemakers ont une autonomie pouvant aller jusqu'à 10 ans, et les implants fonctionnent en Bluetooth®, une technologie de communication sans fil. Ainsi, les patients font leur suivi médical sur ordinateur ou Smartphone et peuvent même recevoir des alertes.

L'impression 3D a également révolutionné le monde des implants médicaux. On fabrique désormais des dispositifs sur mesure, parfaitement adaptés à la morphologie du patient, notamment pour les prothèses de hanche, de genou ou de vertèbre.

ARNE LARSSON

L'homme aux 27 cœurs

En 1958, Arne Larsson, un ingénieur suédois, contracte un virus qui attaque les cellules qui coordonnent les signaux électriques autour du cœur. Son cœur ne se contracte plus suffisamment et ne bat plus régulièrement. À tout moment Larsson risque de mourir. Il faudrait lui faire jusqu'à 30 massages cardiaques par jour.

Larsson et son médecin savent que seul un stimulateur (pages 20-21) pourrait le sauver. Mais c'est une énorme machine à usage temporaire et impossible à déplacer. Heureusement, un nouveau modèle de pacemaker implantable directement sur le cœur est en cours de développement. Cet appareil est équipé de transistors en silicone – une technologie innovante qui permet la miniaturisation du dispositif et l'implantation dans la poitrine du patient. Il ne manque plus qu'un chirurgien qui accepte d'installer le pacemaker.

La première opération est un succès, mais l'implant ne résiste pas. Au bout de huit heures, il cesse de fonctionner, il faut le remplacer. Le deuxième pacemaker tient huit ans. Au total, Larsson aura 26 pacemakers. Ils seront régulièrement changés, soit à cause d'une défaillance, soit pour une version plus moderne.

Avec ses nouveaux cœurs, Larsson a pu continuer sa carrière d'ingénieur. Il a vécu jusqu'à 86 ans. Grâce à cette victoire médicale et technologique et au courage d'Arne Larsson, des millions de patients portent aujourd'hui un pacemaker.

COMMENT FONCTIONNE UN PACEMAKER ?

Un stimulateur cardiaque surveille et régule les impulsions électriques envoyées au cœur. Un cœur en bonne santé autorégule ses battements grâce aux cellules qui conduisent les impulsions électriques. Ces cellules sont coordonnées par le nœud sinusal, souvent qualifié de « pacemaker naturel ». Si une maladie affecte le nœud sinusal ou les cellules qu'il contrôle, on doit implanter un stimulateur artificiel pour éviter un accident cardiaque.

Il existe différents types de pacemakers selon les maladies, mais leur principe de fonctionnement est toujours le même : envoyer des impulsions électriques uniquement lorsque des battements irréguliers sont détectés. Le pacemaker fonctionne comme un nœud sinusal de secours, il aide le cœur à fonctionner normalement.

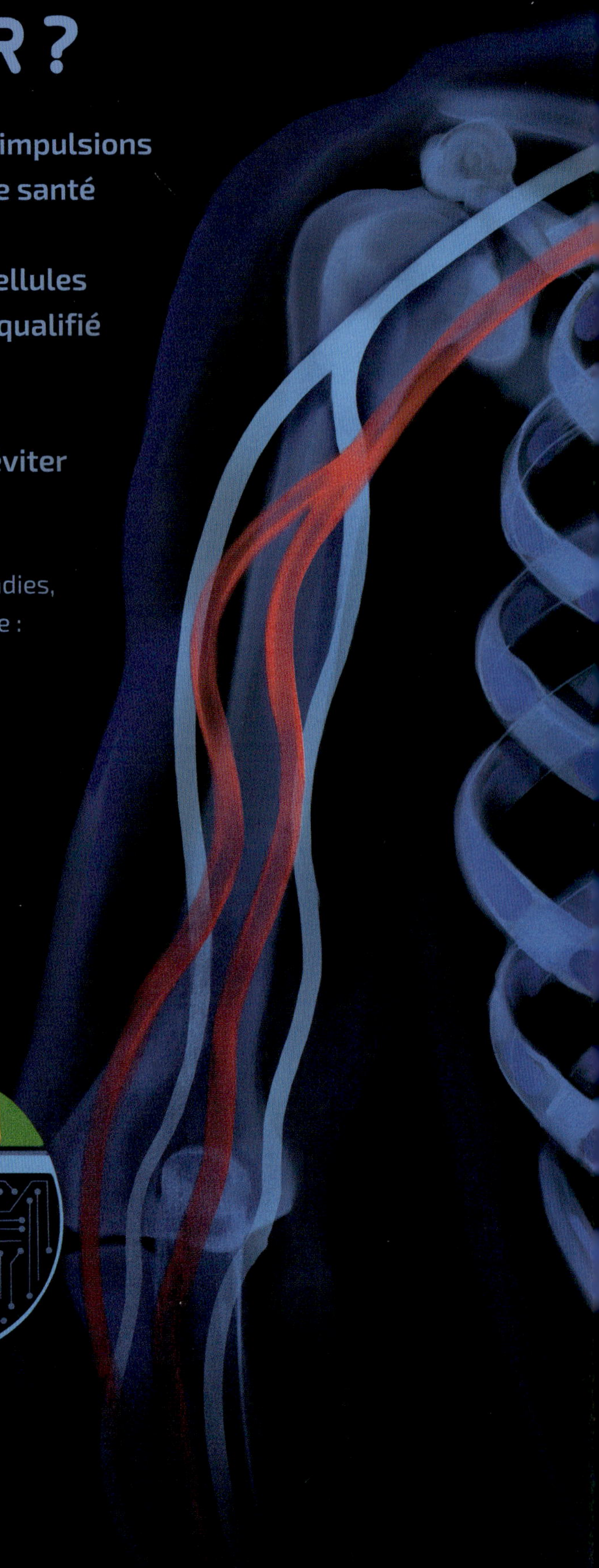

DANS UN PACEMAKER

La batterie dure environ six ans. Son niveau de charge est régulièrement contrôlé, et la batterie envoie des alertes lorsqu'il commence à baisser.

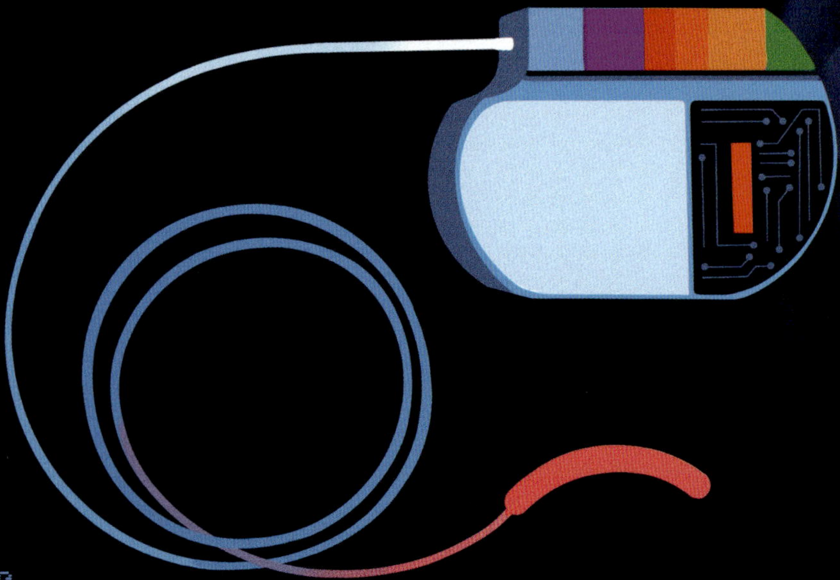

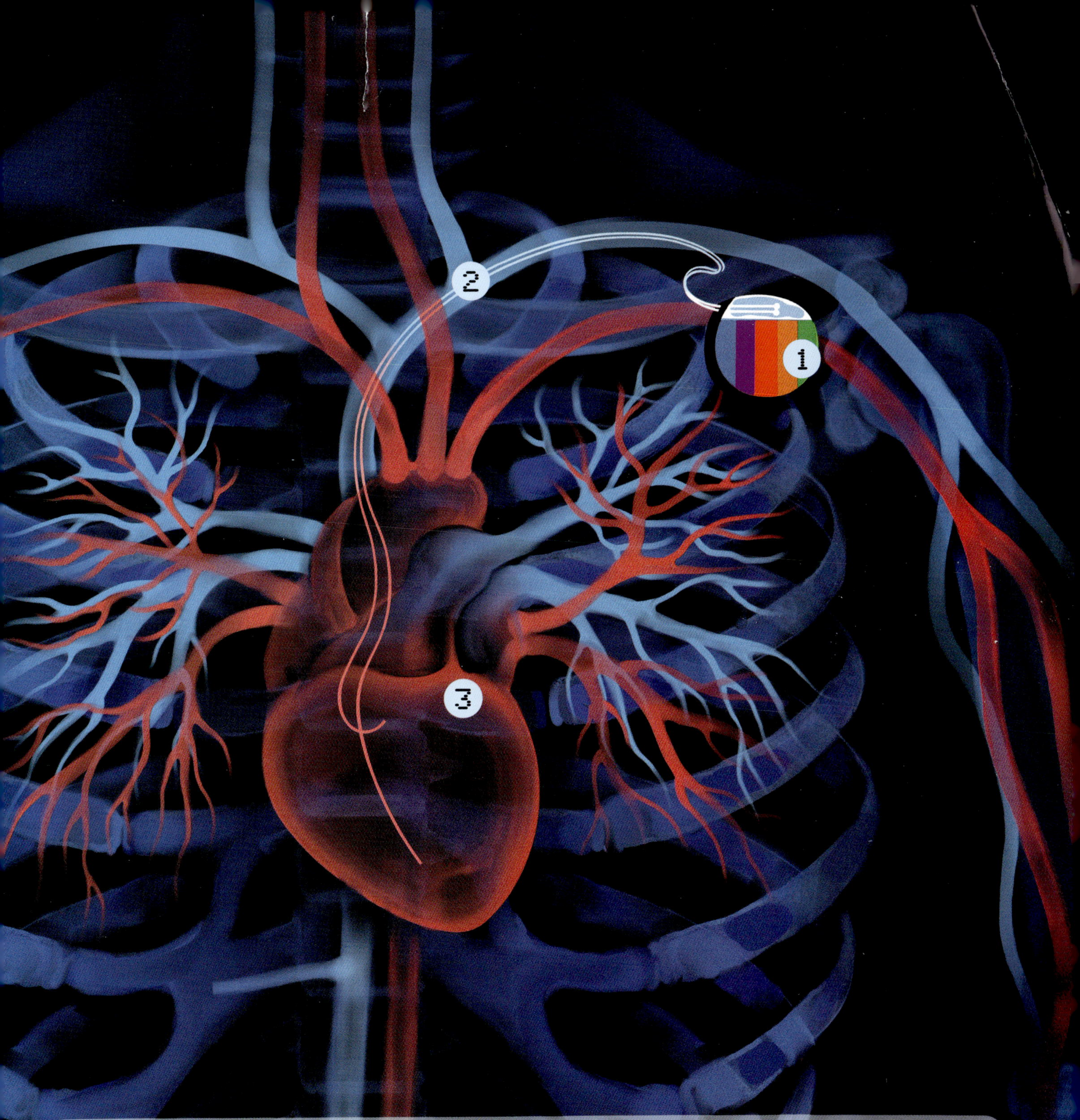

1.
Le boîtier (voir ci-contre) contient une batterie et une puce électronique. Il est placé sous la peau, entre le cœur et la clavicule gauche.

2.
Des fils, les « sondes », relient le boîtier au cœur. Fixés sur le muscle cardiaque, ils transmettent à la puce les informations sur le flux électrique.

3.
La puce détecte, analyse et enregistre les informations, puis envoie des impulsions électriques si nécessaire.

LES LUNETTES

Des lunettes de vue, c'est banal, mais il a fallu plusieurs siècles et un certain nombre d'innovations pour aboutir à celles qu'on porte aujourd'hui. On parle pour la première fois de perles de verre utilisées pour lire dans les textes de la Rome antique. Mais c'est le savant arabe Alhazen (965-1040), fondateur de l'optique moderne, qui a le premier envisagé d'utiliser des lentilles convexes (bombées) pour grossir une image. Ses écrits ont voyagé jusqu'en Europe occidentale, et les traductions de ses travaux sur les « pierres de lecture en verre » ont été largement diffusées. Les Italiens ont ensuite amélioré ces lentilles pour créer les premières lunettes vers la fin du XIIIe siècle.

L'utilisation de nouveaux matériaux a permis de fabriquer des montures de plus en plus légères et solides. La couleur des verres a également changé. En ajoutant de l'oxyde de cérium (un composé chimique) au verre pour bloquer les rayons ultraviolets du soleil, on a fabriqué les premières lunettes de soleil. Celles-ci sont rapidement devenues à la mode. En 1938, il s'en est vendu plus de 20 millions de paires rien qu'aux États-Unis. Le plus étonnant est que seul un quart des acheteurs avait vraiment besoin de verres correcteurs. Cet exemple montre combien les innovations destinées aux personnes handicapées peuvent bénéficier à l'ensemble de la population.

La dernière innovation en matière d'optique date de 2012, avec le lancement des lunettes EnChroma®. Leurs verres ont été spécialement conçus pour réduire les difficultés liées au daltonisme.

Les personnes daltoniennes peinent à distinguer certaines couleurs, comme le rouge et le vert. Au lieu de filtrer les rayons ultraviolets, comme le font les lunettes de soleil, les EnChroma® filtrent les ondes lumineuses du rouge et du vert, que le cerveau d'un daltonien a du mal à distinguer les unes des autres.

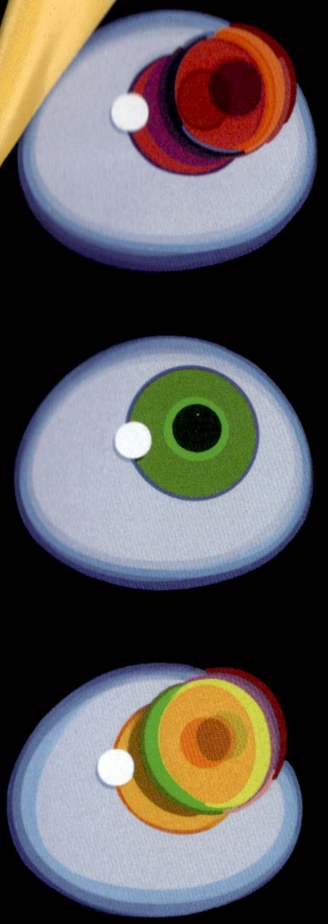

LES PROTHÈSES OCULAIRES

Si les lunettes permettent de corriger une mauvaise vue, il y avait autrefois peu de possibilités pour ceux qui avaient perdu un œil. Le premier faux œil qu'on connaisse date de 2900 avant Jésus-Christ et a été retrouvé en Iran. C'est un mélange de goudron et de graisse animale décoré d'or. Il était soit placé dans l'orbite vide, soit devant l'œil blessé. Ces prothèses ne rendaient pas la vue à leur porteur, elles étaient conçues pour des raisons esthétiques.

Pendant les 5 000 ans qui ont suivi, les matériaux de fabrication se sont perfectionnés, mais uniquement dans un but esthétique. Au XVIe siècle, les souffleurs de verre italiens fabriquent des yeux de verre assez ressemblants. Au début du XXe siècle, on commence à utiliser des matériaux bien plus légers, tels que la porcelaine et le plastique, au rendu très réaliste.

DES YEUX BIONIQUES

Le concept d'œil bionique existe depuis l'invention de l'appareil photo, mais il a fallu attendre le XXIe siècle pour qu'il devienne réalité. Testé pour la première fois en 2006, le système de prothèse rétinienne Argus II s'adresse aux personnes souffrant d'une rétinite pigmentaire qui ont perdu la vue. Cette maladie rare affecte la rétine, la membrane qui capte la lumière au fond de l'œil.
Grâce à cette prothèse, les patients perçoivent à nouveau les changements de luminosité, certains mouvements ou formes. Ils peuvent reconnaître les objets qui les entourent, et même déchiffrer des lettres en gros caractères, mais pas les couleurs.

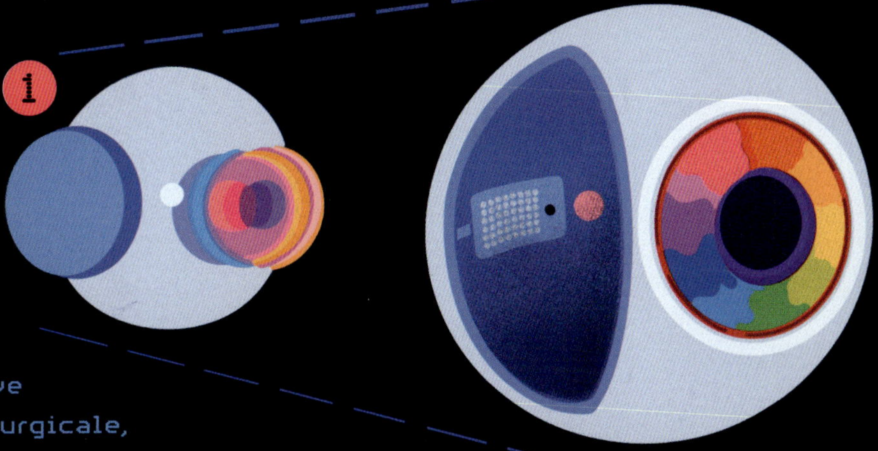

1. Lors d'une brève intervention chirurgicale, un implant électronique est fixé à la rétine du patient.

2. Le patient porte des lunettes spéciales équipées d'une caméra et d'un ordinateur embarqué.

3. L'ordinateur analyse l'image envoyée par la caméra et stimule la rétine par des impulsions électriques. Il est alimenté par une batterie portée à la ceinture.

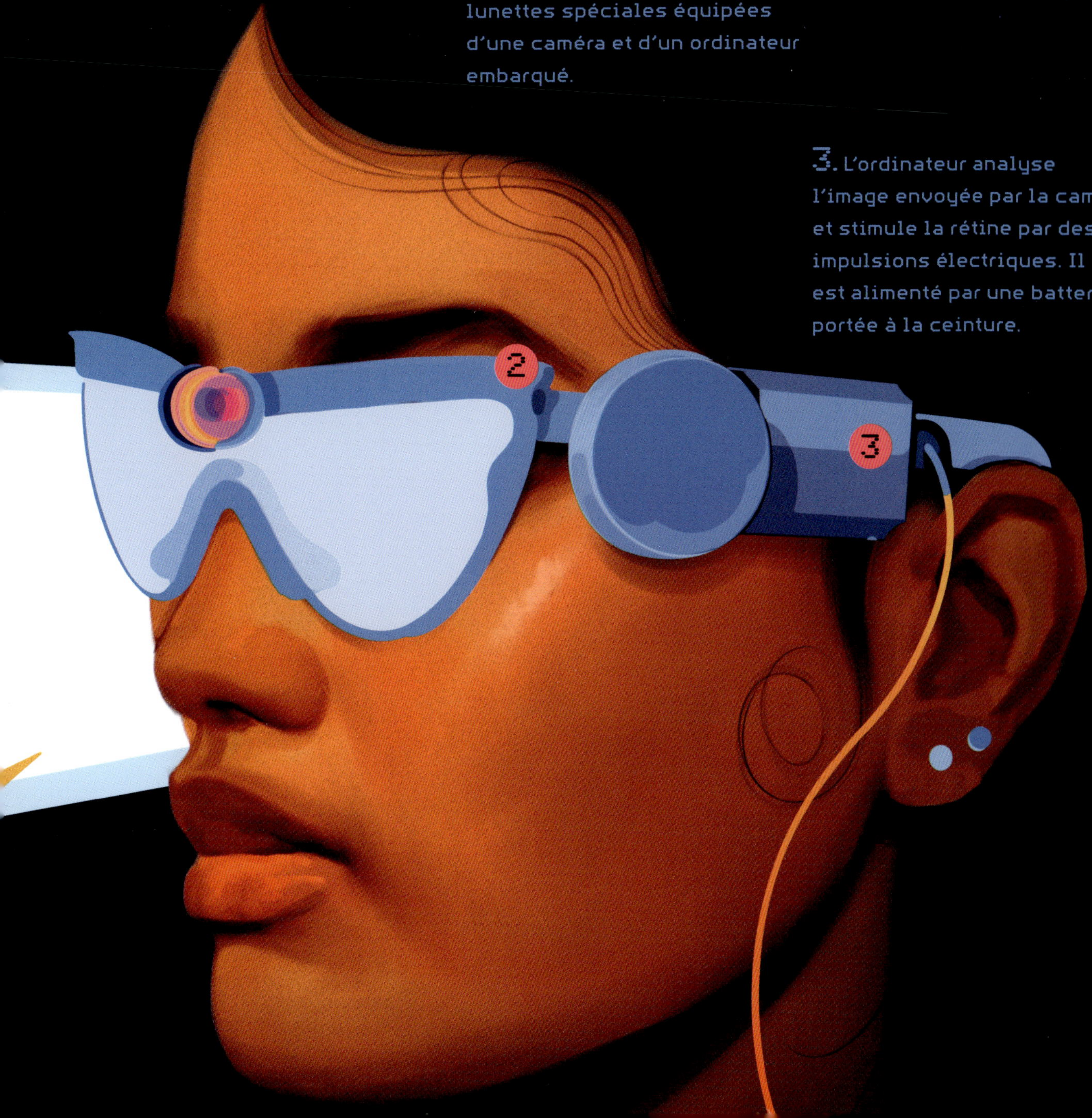

KEITH HAYMAN

« J'ai passé la moitié de ma vie dans le noir, maintenant je peux voir mes petits-enfants courir vers moi. »

Au Royaume-Uni, le premier œil bionique a été implanté en 2009 dans le cadre d'un essai clinique à l'université de Manchester. Quelques patients, parmi lesquels Keith Hayman, ont été équipés de la prothèse Argus II. À cette époque, cela faisait vingt-cinq ans qu'Hayman ne travaillait plus comme boucher, car il souffrait d'une rétinite pigmentaire, une maladie héréditaire, qui lui avait fait perdre la vue. Jusque-là, il n'existait aucun traitement. Un matin, la sœur d'Hayman a vu sur une chaîne d'information locale une publicité pour des essais cliniques sur des personnes souffrant de rétinite pigmentaire. Après des bilans et des entretiens, Hayman a été sélectionné pour participer au programme. L'opération pour implanter le dispositif expérimental sur sa rétine a duré quatre heures et demie.

Quand on a demandé à Hayman pourquoi il s'était engagé dans cet essai, il a répondu qu'il n'avait rien à perdre. « Au pire ça ne changerait rien, au mieux il retrouverait partiellement la vue. » Grâce à cette décision courageuse, et après plusieurs semaines passées à se familiariser avec l'implant, Hayman a pu revoir un feu d'artifice pour la première fois. Cet œil bionique lui a non seulement permis de revoir, mais il lui a aussi rendu son autonomie. Il a pu à nouveau entrer dans des magasins sans craindre de renverser quelque chose. Il a repris confiance en lui et s'est senti moins isolé. Hayman tenait à interagir avec le monde en utilisant ses cinq sens. C'est devenu possible grâce à cette prothèse.

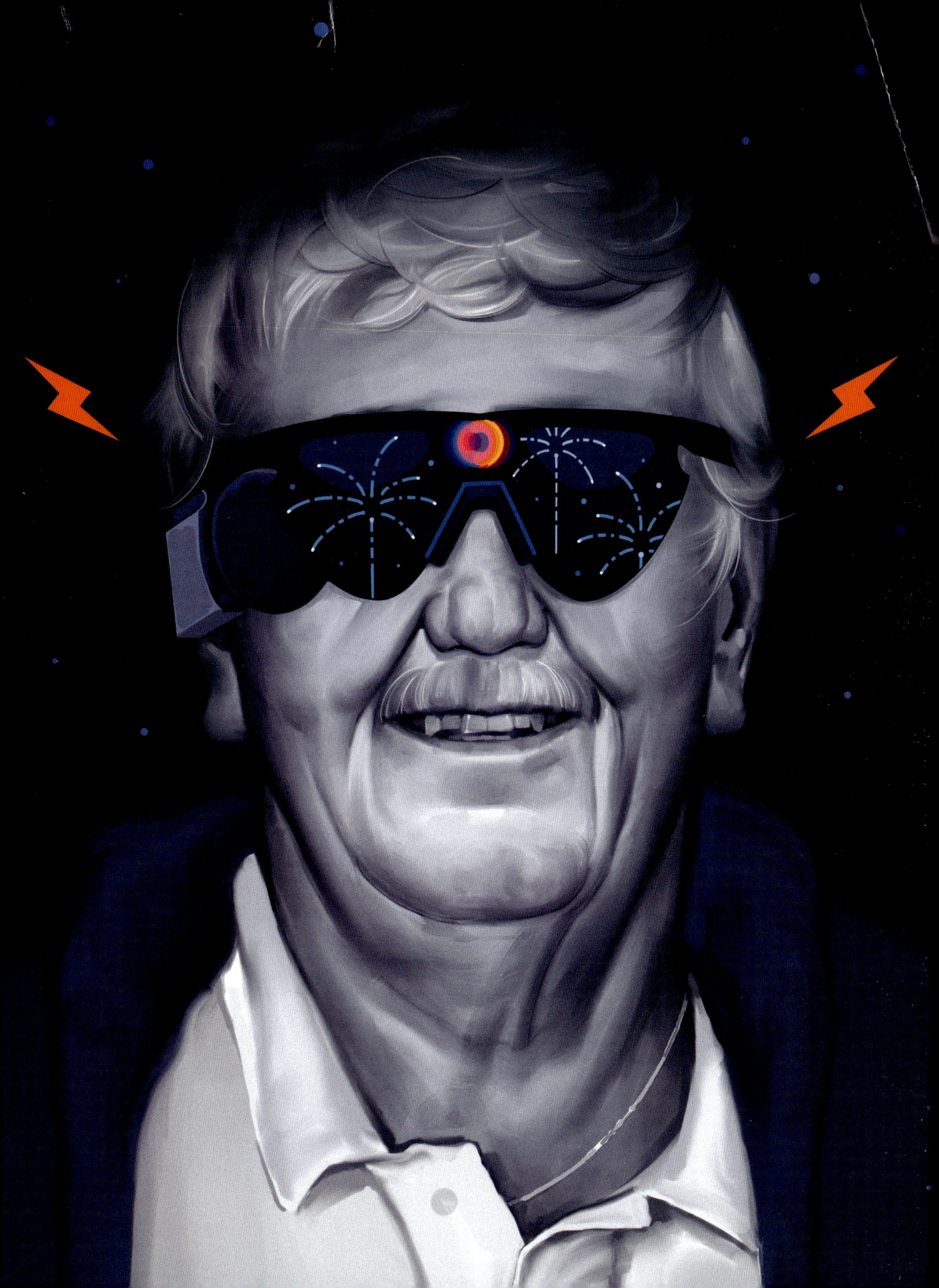

COMMENT FONCTIONNE UN IMPLANT COCHLÉAIRE ?

C'est un petit dispositif électronique qui traite la surdité. Il a un effet majeur sur la vie des patients. Il ne faut pas confondre ce petit implant ultraperfectionné avec un appareil auditif. Un appareil amplifie les sons ambiants comme un haut-parleur, pour que les personnes déficientes entendent mieux. Un implant cochléaire, lui, transmet directement le signal au cerveau, qui le traduit ensuite en son.

Les ondes sonores passent par l'oreille externe, l'oreille moyenne puis l'oreille interne. C'est dans l'oreille interne que se trouve la cochlée, une cavité remplie de liquide. Quand on entend bien, les mouvements du liquide font vibrer les cellules ciliées, des petits poils sur les parois de la cochlée. Ils produisent un signal électrique qui est transmis au cerveau. Toutefois, une maladie, une blessure ou une malformation de la cochlée peuvent brouiller, voire interrompre le signal. Le cerveau ne parvient plus à le déchiffrer, provoquant ainsi des troubles de l'audition ou une surdité totale. L'implant cochléaire stimule l'audition en remplaçant les organes qui dysfonctionnent.

Il faut un certain temps pour s'adapter au dispositif, puisqu'il ne fonctionne pas comme une oreille humaine. Néanmoins, il permet aux personnes sourdes d'interagir avec leur environnement et de communiquer plus facilement avec leur entourage.

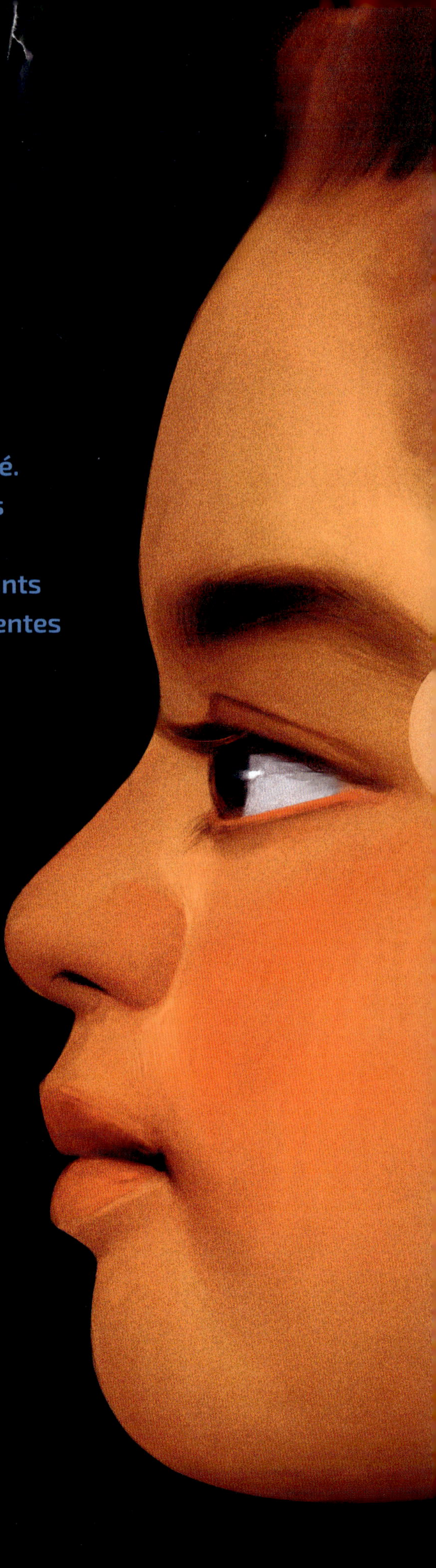

1.

Un petit microphone est placé sur l'oreille. Il capte les sons environnants.

2.

Un processeur vocal les analyse et les filtre.

3.

Une antenne aimantée transmet les sons au récepteur stimulateur qui les convertit en signaux radioélectriques.

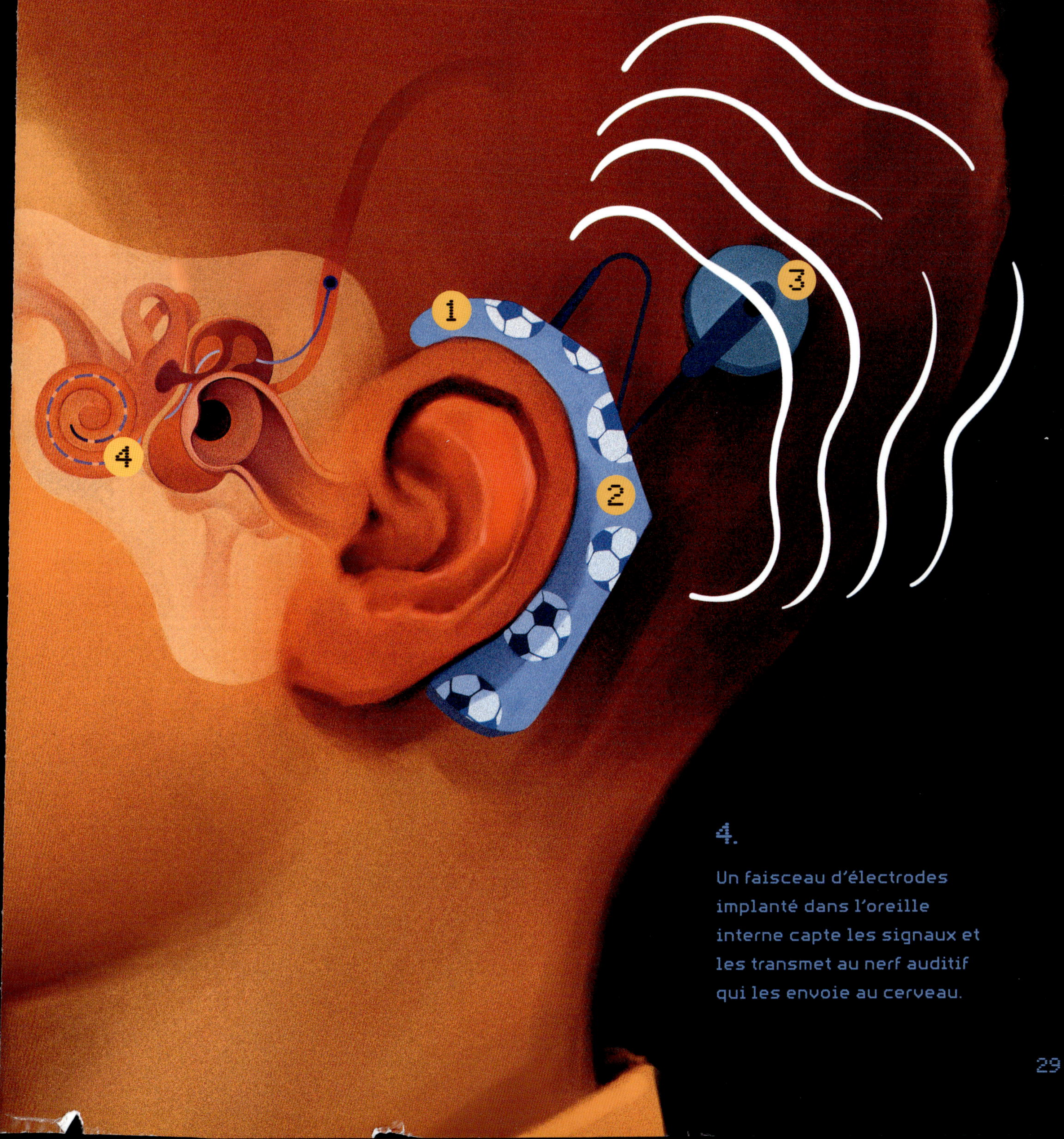

4.

Un faisceau d'électrodes implanté dans l'oreille interne capte les signaux et les transmet au nerf auditif qui les envoie au cerveau.

LES MEMBRES BIONIQUES

Les scientifiques et les ingénieurs ont d'abord étudié l'anatomie humaine avant de tenter de l'imiter. Mais comment fonctionnent une main, une jambe ou un bras bionique ? Et comment peut-on utiliser ces prothèses ?

LE CONTRÔLE PAR ÉLECTRODES

Tout mouvement commence dans le cerveau. Celui-ci envoie des impulsions électriques le long des nerfs jusqu'au muscle concerné. Ces signaux sont déchiffrés par les cellules musculaires qui ordonnent au muscle de se contracter ou de se détendre. C'est l'enchaînement de contractions et de relâchements qui crée le mouvement.

Le processus est quasiment le même avec des membres bioniques. Il y a juste une étape supplémentaire. Le mouvement part toujours du cerveau, mais, au lieu d'envoyer directement des impulsions électriques au membre qu'il veut contrôler, le cerveau les transmet à des électrodes qui captent l'activité musculaire sous la peau. Ces électrodes transmettent ces impulsions à un ordinateur miniature qui traduit le signal en mouvement. Plus le mouvement est compliqué, plus il y a d'électrodes.

LES PROTHÈSES MÉCANIQUES

Les prothèses mécaniques comptent parmi les plus anciennes. La première a été inventée en 1818 par Peter Bailiff, un dentiste allemand, qui a mis au point une prothèse de bras. Ce type de prothèse est très répandu en raison de sa simplicité de production et d'utilisation. On dit que ces membres artificiels sont « à contrôle corporel », car c'est le porteur qui les actionne à l'aide d'une autre partie de son corps. Par exemple, les mouvements du bras et de l'épaule pris dans un harnais sont transmis à la main par un câble qui la fait s'ouvrir et se fermer. Ces prothèses ne conviennent pas à une personne à qui il manquerait plusieurs membres.

LES PROTHÈSES INTÉGRÉES

On peut aussi placer des électrodes sous la peau. Dans un sens, elles captent les impulsions musculaires, et, dans l'autre, elles transmettent des informations aux nerfs auxquels elles sont reliées sur les surfaces touchées. Les électrodes musculaires et nerveuses intégrées enrichissent le potentiel de communication avec le membre bionique, plus proche des sensations naturelles. Cette intégration bidirectionnelle est un nouveau champ de recherche. C'est probablement ainsi que les prothèses de demain seront contrôlées.

PETITE HISTOIRE DES PROTHÈSES DE MAIN

Les mains sont la partie la plus précieuse et la plus polyvalente de notre corps. Nous nous en servons pour saisir, utiliser des objets, sentir des textures, mais aussi pour communiquer par le toucher et nous exprimer par des gestes. On cherche depuis très longtemps comment remplacer les mains de ceux qui sont nés sans, ou qui les ont perdues des suites d'un accident ou d'une maladie. Un défi de taille compte tenu de l'immense variété de fonctions que remplissent nos mains.

LES DÉBUTS

Les premières prothèses de main sont quasiment aussi vieilles que l'humanité. Crochets, pinces ou couteaux attachés au bras, ces prothèses se limitaient à une seule fonction.

GÖTZ VON BERLICHINGEN, XVIe SIÈCLE

La plus remarquable tentative d'imiter une main est celle du chevalier allemand Götz von Berlichingen (voir page 11). Cette main de fer, très perfectionnée pour l'époque, pouvait se plier aux articulations, ce qui permettait à Götz de tenir les rênes de son cheval ou une arme. Mais elle était si lourde qu'elle devait être maintenue par une sangle.

AMBROISE PARÉ, 1575

Ce chirurgien militaire français a popularisé l'amputation pour sauver la vie des soldats blessés sur le champ de bataille. Il a aussi conçu une main à ressorts qui pouvait se refermer pour tenir un objet. Au XVIIe siècle, les prothèses commencent à être fabriquées pour s'adapter à un usage quotidien.

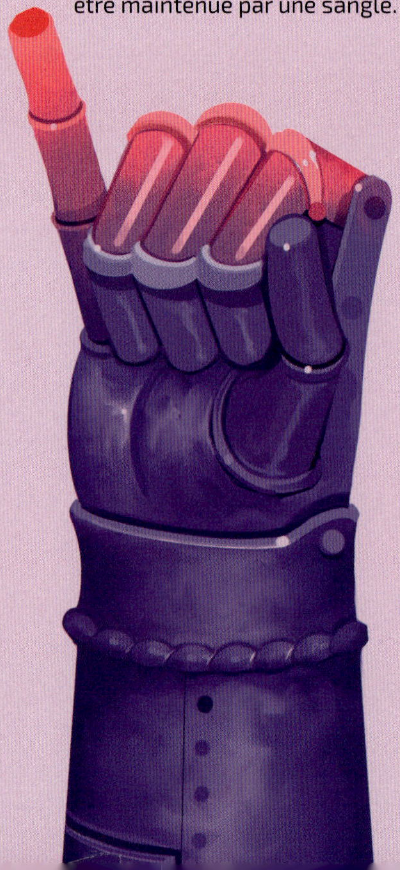

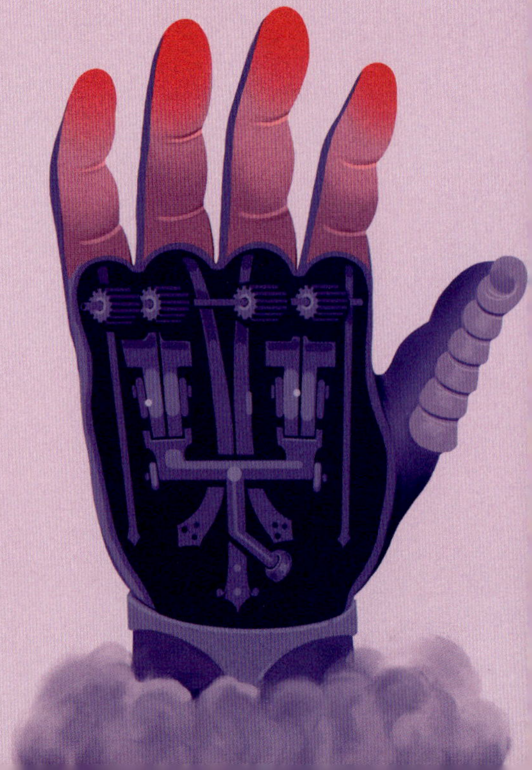

LE SYSTÈME À CÂBLES BOWDEN, 1948

La Première et la Seconde Guerre mondiale ont laissé de nombreuses personnes estropiées, amputées d'une main, d'un bras ou d'une jambe. Cette problématique est devenue un sujet de recherche. La prothèse Bowden, le premier appareil bon marché et fiable, est un succès. Un système de câbles permet d'actionner, d'ouvrir et de fermer un triple crochet. Les câbles sont fixés autour du torse. Grâce à sa simplicité et à sa solidité, cette prothèse est encore utilisée aujourd'hui.

LA PROTHÈSE MYOÉLECTRIQUE, 1948

C'est la prothèse d'avant-bras la plus courante. Elle est actionnée par signaux électriques, et donc contrôlée plus naturellement.
La première prothèse myoélectrique a été inventée par Reinhold Reiter, un étudiant allemand en physique. Elle était équipée de doigts motorisés. Mais cette main artificielle était encombrante et ne pouvait être utilisée au quotidien.
Ce n'est qu'en 1990 que des capteurs myoélectriques suffisamment petits ont été mis au point pour être intégrés dans des prothèses.

i-LIMB®, 2008

La technologie n'a cessé d'évoluer pour rendre les prothèses et leurs attaches plus légères, plus solides et plus ressemblantes. En 2008, l'entreprise Touch Bionics a commercialisé le i-LIMB® : la première main artificielle avec cinq doigts motorisés indépendamment et capables de se plier. Son succès est dû au fait qu'elle copie fidèlement le fonctionnement d'une vraie main.

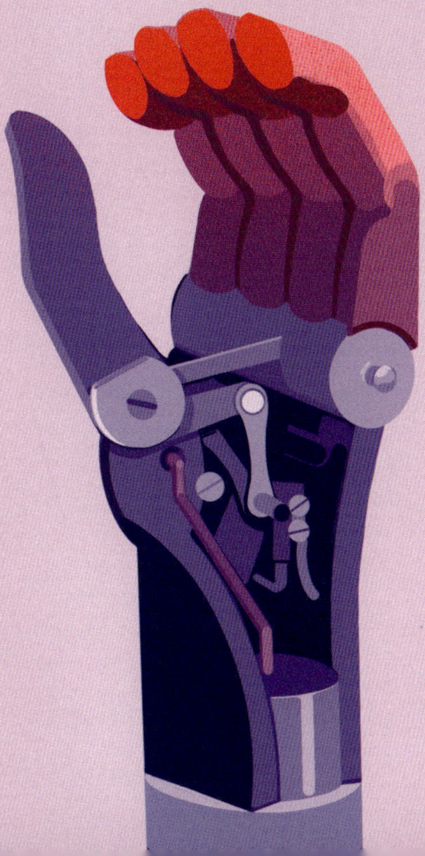

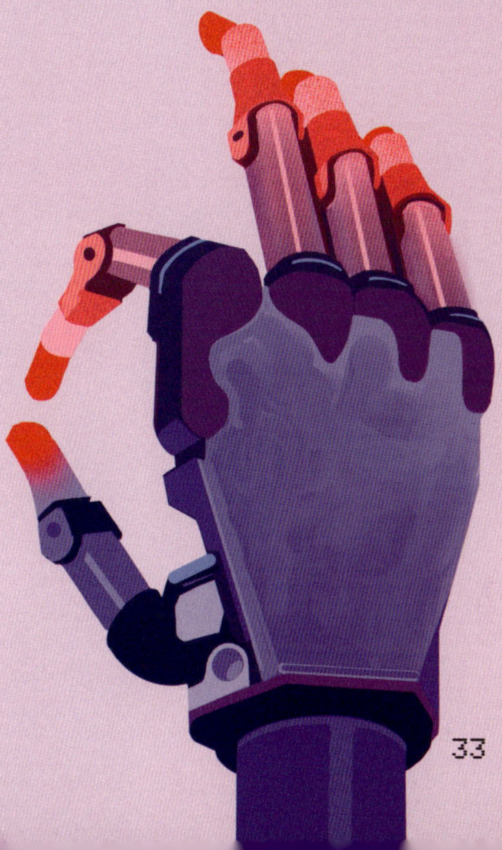

ROBERT CAMPBELL AIRD

« Mi-homme, mi-machine, 100 % écossais. »

En 1982, Robert Campbell Aird, un Écossais né à Édimbourg, apprend qu'il souffre d'un cancer. On doit l'amputer du bras droit pour empêcher la maladie de progresser. Seize ans après l'opération, sa vie va à nouveau basculer.

En 1998, une équipe de cinq ingénieurs en biomédecine met au point le premier bras bionique, « le système de bras modulaire Édimbourg ». Certains prototypes ont déjà été testés en laboratoire, mais c'est la première fois qu'un bras bionique est utilisé en conditions réelles. Aird devient la première personne au monde à utiliser cet équipement révolutionnaire. Sous la peau artificielle très réaliste de sa prothèse se cache un ensemble complexe de circuits, de puces, de rouages, de moteurs et de câbles qui lui permettent de la contrôler. Exactement comme un vrai bras, cette prothèse pivote au niveau de l'épaule, se plie au coude, tourne au niveau du poignet et serre les doigts. Pour la première fois depuis son amputation, Aird saisit un livre sur une étagère avec son bras droit.

Aventurier dans l'âme, Aird est persuadé que rien n'est impossible et que la vie est un défi. Il prend des cours de pilotage et remporte quatorze prix de tir sportif. Il continue à collaborer avec des ingénieurs biomécaniciens pour améliorer la prothèse et s'investit dans des œuvres caritatives. Aird veut montrer qu'aidés de machines, les humains peuvent tirer le meilleur parti de la vie.

PETITE HISTOIRE DES PROTHÈSES DE JAMBE

EMPIRE ROMAIN, 300 AV. J.-C.

Une des plus anciennes prothèses de jambe connue date de la Rome antique. La « jambe de Capoue » est en bois recouvert de bronze. Sa partie supérieure est creusée pour accueillir le moignon. Ce type de prothèse était rare car l'usage du bronze était réservé aux armées.

AMBROISE PARÉ, VERS 1579

Pendant des siècles, on utilise des jambes de bois. Elles sont faciles à fabriquer et à remplacer, même si elles ne sont pas confortables. En 1579, le chirurgien militaire français Ambroise Paré publie un livre dans lequel il présente une jambe mécanique articulée qui peut se plier ou se bloquer.

BENJAMIN PALMER, 1846

L'amélioration des prothèses tient à l'utilisation de nouveaux matériaux pour les jambes, et à des avancées technologiques pour les mains. En 1846, Benjamin Palmer – lui-même amputé – invente et brevette une fausse jambe. Son talon est équipé d'un ressort et de tendons en métal pour copier la démarche humaine.

Jusqu'au XXe siècle, les prothèses étaient rudimentaires, inconfortables et peu maniables. Depuis, l'explosion des savoirs, des technologies et de nouveaux matériaux leur ont fait faire un pas de géant. Aujourd'hui, grâce aux matériaux synthétiques et aux systèmes électroniques perfectionnés, les prothèses sont devenues plus solides, plus polyvalentes et très adaptables.

LES JAMBES CONTRÔLÉES PAR ORDINATEUR, ANNÉES 2000

Össur, une entreprise islandaise d'orthopédie, et le professeur Hugh Herr, du MIT, mettent au point les premières jambes contrôlées par ordinateur. Grâce à des capteurs et des microprocesseurs, les prothèses détectent les modifications de l'environnement et ajustent leur fonctionnement. Le pied PROPRIO FOOT® est programmé pour soulever les orteils à chaque pas, ce qui limite le risque de chute. Ses capteurs détectent le degré d'inclinaison du sol et modifient l'angle du pied comme le ferait une cheville humaine. Le genou RHEO KNEE® emploie une technologie similaire pour que toute la jambe s'adapte au terrain.

DES LAMES SPÉCIALES

Quand on marche un peu d'énergie suffit à décoller le pied du sol. Mais quand on court, la forme de la prothèse doit être ajustée pour propulser vers l'avant. Les ingénieurs qui travaillaient sur des fibres de carbone flexibles ont imaginé des prothèses en forme de C. Ces « lames » de course sont inspirées des pattes arrière des guépards.

LES EXOSQUELETTES

Jusqu'ici, tous les appareils bioniques qu'on t'a présentés ne remplaçaient qu'un seul membre ou une seule fonction du corps. Mais les personnes qui souffrent de lésions de la moelle épinière sont paralysées de plusieurs membres. Lorsque les jambes sont paralysées, on parle de « paraplégie ». Lorsque les bras, les jambes et le torse sont atteints, on parle de « tétraplégie ». En 1965, le premier prototype d'exosquelette révolutionne la bionique.

Jusque-là, les paraplégiques ne pouvaient se déplacer qu'en fauteuil roulant. Dans les années 1960, l'entreprise General Electrics fabrique un prototype d'exosquelette, littéralement un « squelette extérieur » : il permet de se lever et de marcher. Contrairement à une prothèse, cet appareil n'est pas conçu pour remplacer un membre, mais pour soutenir le corps ; il l'entoure. On parle alors d'« orthèse ». Le Hardiman, créé en 1971, est le premier exosquelette motorisé capable de faire bouger les membres de son porteur. Mais ses actions sont tellement imprévisibles qu'il n'a jamais été testé sur des humains. Malgré cela, il est encore considéré aujourd'hui comme une des avancées majeures de la bionique.

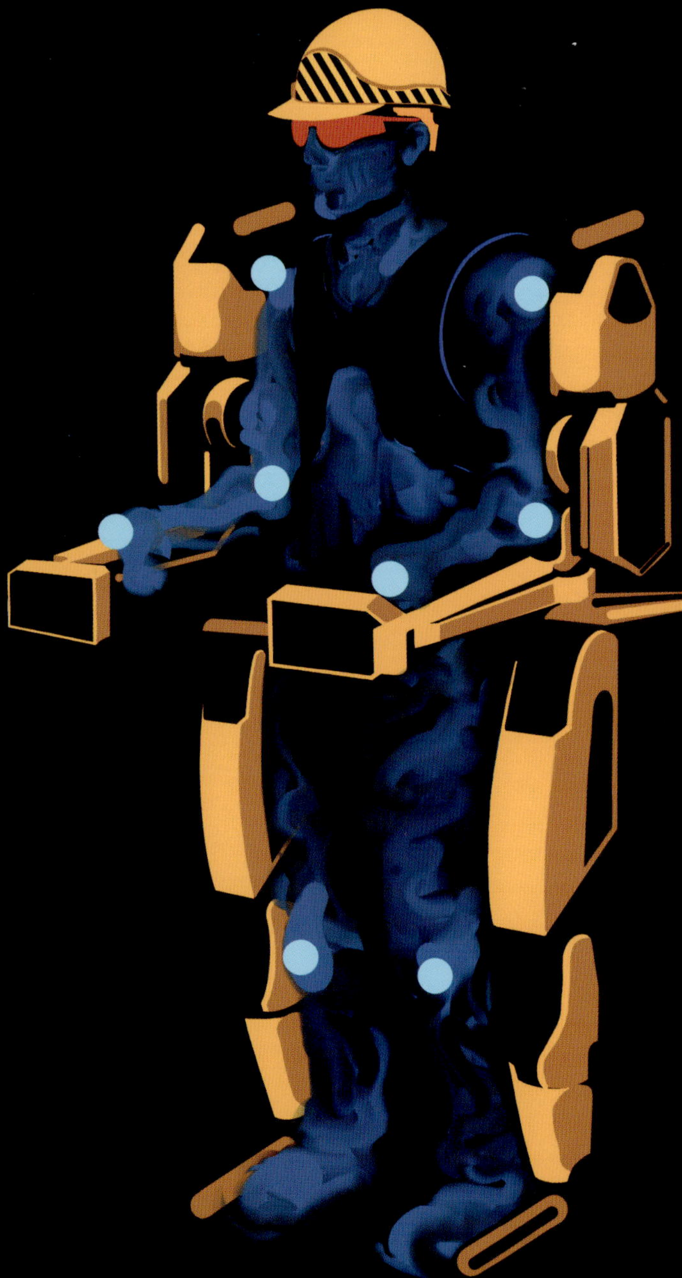

Des tiges de métal font office de carapace. Elles peuvent se plier aux articulations pour reproduire les mouvements du squelette.

Les exosquelettes modernes

Depuis, la technologie a progressé. Aujourd'hui, ces orthèses sont assez légères pour être utilisées sur toutes sortes de terrain. Certaines ont des batteries qui tiennent une journée. L'objectif est de réduire la tension musculosquelettique, l'inconfort, l'activité musculaire et la dépense énergétique. En 2014, le professeur Hugh Herr du MIT a créé le premier exosquelette de jambe motorisé. Il permet de marcher plus vite en faisant moins d'efforts.

L'armée britannique s'intéresse à l'évolution des exosquelettes dans l'optique « d'augmenter » les soldats de demain. Ils deviendraient capables de courir plus vite, de sauter plus haut et de porter des poids plus lourds.

Le porteur contrôle l'exosquelette grâce à un panneau de commande sur son bras.

LES IMPLANTS CÉRÉBRAUX

Les scientifiques rêvent depuis longtemps d'exploiter directement les signaux émis par le cerveau pour contrôler un appareil connecté au corps. Au lieu d'apprendre à quelqu'un à utiliser sa main bionique avec les muscles de son avant-bras, un implant cérébral pourrait directement interpréter les messages du cerveau pour activer la prothèse. En supprimant cette étape intermédiaire, les ingénieurs pourraient créer la « prothèse ultime », qui interagirait instantanément avec le cerveau.

Les implants neuronaux sont déjà utilisés dans les yeux bioniques (page 25), mais on en est encore aux balbutiements de cette technologie. En 2021, la société Neuralink a publié une vidéo d'un singe qui jouait au jeu vidéo *Pong* par la seule force de la pensée. Ses ordres étaient émis par des micropuces implantées directement dans son cerveau. Neuralink envisage d'exploiter cette technologie pour permettre à une personne paralysée d'utiliser un Smartphone par la pensée, plus efficacement qu'une personne valide le ferait avec ses doigts. Ces implants n'en sont encore qu'au stade de l'expérimentation, mais c'est un des sujets phares de la recherche en bionique.

Les applications potentielles de cette technologie sont infinies. On pourrait imaginer contrôler les prothèses de bras et de jambes bioniques aussi bien que nos vrais membres. Les paralysés cérébraux pourraient même un jour retrouver le contrôle de leurs membres.

CLAIRE LOMAS

« Quand je me suis focalisée sur ce qui était possible plutôt que sur ce qui ne l'était pas, ma vie a changé. »

Claire Lomas est née en 1980. Cavalière professionnelle et chiropracticienne, elle est victime d'un accident de cheval en 2007. Touchée à la moelle épinière, elle perd l'usage de ses jambes. Elle exprime pleinement sa passion pour le sport pendant sa rééducation en fauteuil roulant : elle pratique la musculation, la natation, le ski et l'équitation.

Claire Lomas organise aussi des levées de fonds, des campagnes pour financer de nouveaux équipements et pour soutenir la recherche médicale sur les atteintes de la moelle épinière. En 2012 se tient la plus fameuse de ses campagnes. Équipée d'un exosquelette ReWalk™ et de béquilles, elle marche les 42 km du marathon de Londres en 17 jours et réussit à collecter près de 200 000 euros.

Cet exploit d'endurance a été rendu possible grâce à sa détermination à toute épreuve et à sa combinaison ReWalk™. Évoquant sa force mentale, Claire Lomas dit : « Quand je me suis focalisée sur ce qui était possible au lieu de penser à ce qui ne l'était pas, ma vie a changé. » Autrement dit, tout est une question d'attitude, notamment en matière de défi avec l'aide de la technologie. Claire Lomas a également insisté sur l'importance du soutien apporté par sa famille, son mari et ses deux enfants.

HUM 2.0

LES JEUX PARALYMPIQUES

Les Jeux paralympiques sont une vitrine des progrès technologiques accomplis en matière de prothèses. Tous les quatre ans, depuis 1960, ils réunissent les meilleurs athlètes du monde entier porteurs de handicap. Les premières compétitions handisport remontent au début du XXᵉ siècle. Mais le nombre d'handicapés pratiquant le sport pour se rééduquer a fortement cru après la Seconde Guerre mondiale.

En Grande-Bretagne, l'hôpital de Stoke Mandeville est un des premiers à tester le sport comme thérapie. En 1948, le jour de l'ouverture des Jeux olympiques, le docteur Ludwig Guttman organise une compétition pour les athlètes en fauteuil roulant. Quatre ans plus tard, les anciens soldats néerlandais se joignent à la compétition, rebaptisée Jeux internationaux de Stoke Mandeville. En 1960, plus de 400 sportifs de 23 pays différents participent à 8 épreuves. Les jeux de Mandeville deviennent les Jeux paralympiques. *Para* vient du grec et signifie « à côté de », en lien avec les Jeux olympiques.

Chaque année, le nombre de parathlètes et de compétitions grandit. En 2020, aux Jeux paralympiques de Tokyo, 4 403 sportifs et sportives ont participé à 539 épreuves dans 22 disciplines. Le badminton et le taekwondo figuraient pour la première fois dans la liste des sports paralympiques.

LE SAUT EN LONGUEUR >

Des lames spéciales permettent aux sauteurs d'avoir une course d'élan plus rapide et une meilleure propulsion pour optimiser leurs sauts.

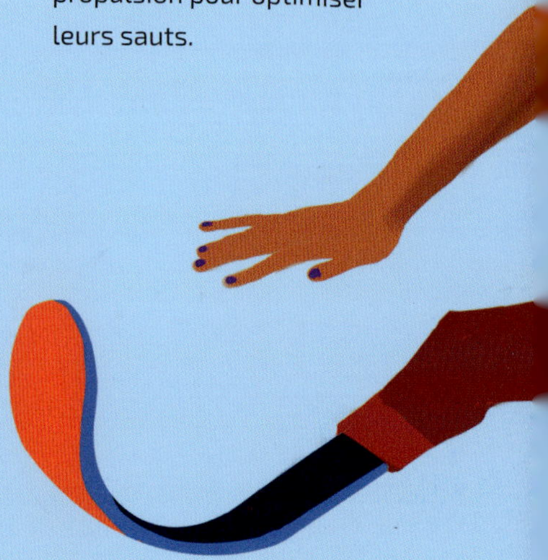

< LE TAEKWONDO

Il existe deux formes de taekwondo : le kyorugi (combat libre) pour les athlètes handicapés moteurs, et le poumsé (enchaînement de techniques) pour ceux atteints de déficiences neurologiques.

PALAK KOHLI >

Née en 2002 sans bras gauche, Palak Kohli est une star. À 18 ans, elle avait déjà remporté 20 médailles dans différentes compétitions. Aux Jeux paralympiques de Tokyo, elle est devenue la plus jeune joueuse de badminton handisport. Elle a joué en simple et en double féminins et en double mixte. Malgré les défis qu'elle relève au quotidien, elle parle de son handicap comme de son « super-pouvoir ».

WAKAKO TSUCHIDA ⌄

Cette athlète est une légende du sport paralympique. Née en 1974, Wakako a perdu ses deux jambes (au-dessus du genou) dans un accident de la route en 1992. Dans le cadre de sa rééducation, elle pratique le sport et performe dans plusieurs disciplines. C'est la première athlète japonaise à remporter des médailles aux Jeux paralympiques d'été et d'hiver, et la première femme capitaine de la délégation japonaise aux Jeux d'été. Elle a participé à quatre olympiades d'hiver et trois d'été, et remporté des médailles en luge et en course en fauteuil.

RICHARD WHITEHEAD

« Quand on échoue, on apprend beaucoup sur soi, et on revient plus fort. »

Le sport peut faire naître des héros. Richard Whitehead est né en 1976 avec une maladie qui a nécessité l'amputation de ses jambes à hauteur des genoux. Après avoir perdu deux amis des suites d'un cancer des os, Whitehead décide de lever des fonds pour financer la recherche. Sportif, il s'engage en marathon, alors qu'il n'a jamais couru car il n'a pas de prothèses adaptées. Treize jours avant sa première compétition, Össur, une entreprise d'orthopédie (voir page 37), l'équipe de lames de course. Il progresse et participe au marathon de New York en 2004.

En 2006, Whitehead dispute sa première compétition internationale lors des Jeux paralympiques d'hiver. Malgré son absence de résultats, il continue pour prouver que « la défaite incite à travailler plus dur encore ». Il remporte la médaille d'or en 200 m catégorie T42 aux Jeux paralympiques de Londres en 2012, et établit un record du monde. Quatre ans plus tard, il remporte à nouveau le 200 m aux Jeux de Rio, au Brésil.

Whitehead performe aussi en marathon. En 2010, il établit le record du monde pour un athlète amputé des jambes avec un temps de 2 heures, 42 minutes et 52 secondes. En 2013, il court 40 marathons en 40 jours pour des œuvres caritatives. Après ce tour de force, « Cœur de lion », le surnom que sa grand-mère lui donnait quand il était petit, n'avait jamais été aussi mérité.

Whitehead a inspiré la nouvelle génération d'athlètes paralympiques. Son attitude positive dans l'adversité, la force de sa détermination et son implication dans le travail caritatif montrent que tout est réalisable avec de la volonté.

HUMAN 2.0
WHITEHEAD

LE CYBATHLON

Le règlement des Jeux paralympiques a évolué avec la technologie. Les prothèses motorisées ont été interdites. Les parathlètes ne doivent utiliser que des prothèses mécaniques afin que les performances mesurées reflètent leurs capacités physiques et non celles de la machine. Mais l'envie de présenter les toutes dernières avancées technologiques étant la plus forte, autant pour les ingénieurs que pour les porteurs de prothèses, le Cybathlon a été créé.

En 2016, l'Institut fédéral de technologie suisse de Zurich organise le premier Cybathlon. C'est la première compétition internationale à réunir des concurrents handicapés équipés de leurs prothèses bioniques pour s'affronter dans une série de tâches quotidiennes. Il y a six disciplines. Chaque équipe est composée d'un pilote, la personne handicapée, et d'un fournisseur de technologies, généralement une université ou une entreprise.

LA COURSE PAR INTERFACE CÉRÉBRALE

Les pilotes tétraplégiques utilisent une interface cerveau-ordinateur pour contrôler leur avatar dans un jeu virtuel.

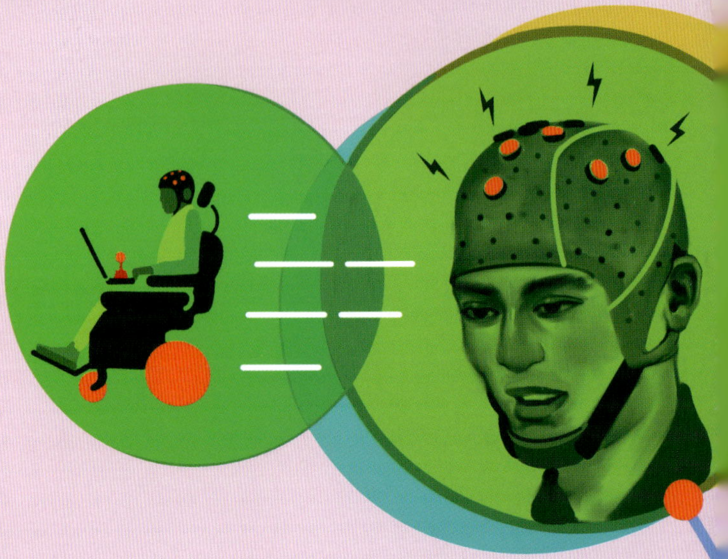

LA COURSE CYCLISTE PAR ÉLECTROSTIMULATION FONCTIONNELLE

Les cyclistes paraplégiques envoient des impulsions électriques pour faire fonctionner les muscles de leurs jambes et avancer leur vélo.

LA COURSE EN FAUTEUIL MOTORISÉ

Les pilotes en fauteuil s'affrontent dans une course d'obstacles représentatifs des difficultés du quotidien, comme des montées et descentes d'escaliers.

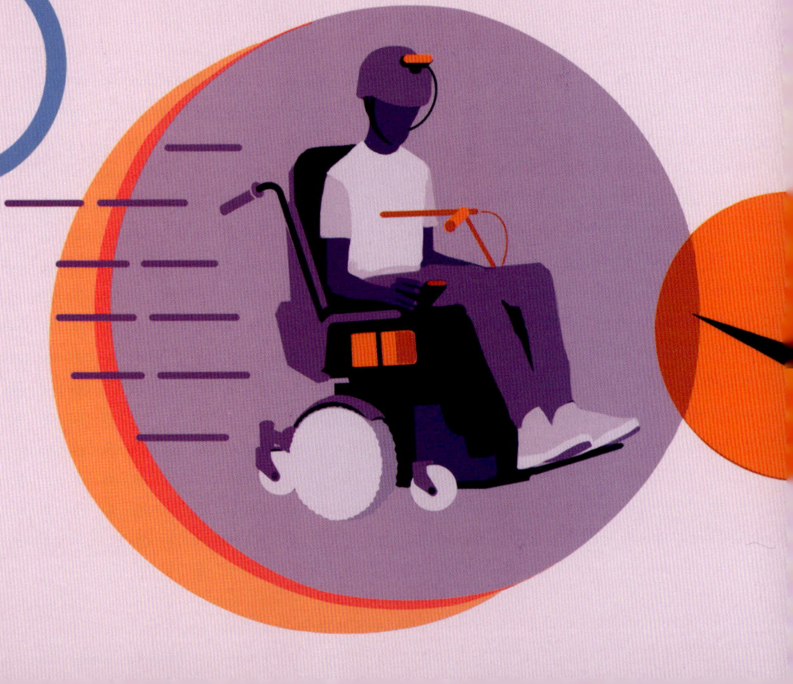

Le Cybathlon a un double objectif. Il permet aux compétiteurs de s'affronter et de faire parler des nouvelles technologies, de faire leur promotion. Le but est de réussir à organiser le Cybathlon tous les quatre ans, en même temps que les Jeux olympiques et paralympiques, mais à une échelle bien plus modeste. Nul doute que cette compétition attirera les foules si l'on dépasse les capacités humaines grâce à la technologie.

Que préférerais-tu : regarder courir le 100 m en 10 secondes ou en 5 secondes ?

LA COURSE AVEC PROTHÈSES DE JAMBES MOTORISÉES

Les pilotes paraplégiques doivent réaliser une série d'épreuves le plus vite possible : monter ou descendre des escaliers, se lever d'une chaise ou marcher sur une poutre.

LA COURSE AVEC PROTHÈSES DE BRAS MOTORISÉES

Avec ses mains artificielles, le pilote doit nouer ses lacets ou remonter la fermeture de sa veste le plus vite possible.

LA COURSE EN EXOSQUELETTE MOTORISÉ

Le pilote teste les capacités de son exosquelette dans une course d'obstacles.

BLAKE LEEPER

« La vie, c'est 10 % ce à quoi vous faites face et 90 % comment vous y faites face. »

Blake Leeper est un athlète handisport américain, né sans jambes en 1989. Son père était entraîneur sportif. Malgré son handicap « qui l'empêchait de courir et de sauter comme les autres enfants », Leeper voulait devenir athlète de haut niveau.

Heureusement, son travail et sa détermination ont fini par payer : il a intégré l'équipe américaine d'athlétisme en 2009. Depuis 2011, Leeper a remporté huit médailles paralympiques en athlétisme. Il a même établi un record du monde du relais 4 × 100 m en 2013. Grâce à ses victoires, Leeper est devenu le premier double amputé à courir contre des athlètes valides lors des championnats américains d'athlétisme en 2017.

Depuis, sa carrière a été émaillée de controverses. En 2020, le Tribunal arbitral du sport (TAS) a jugé que ses lames de course le grandissaient de plusieurs centimètres et l'avantageaient. Cette décision a été contestée car le TAS a utilisé la formule de calcul de la taille maximale autorisée en position debout (« MASH »). Les avocats de Leeper ont dit qu'elle reposait sur des normes de proportions corporelles non inclusives. Leeper est afro-américain, et la MASH est calculée à partir de photographies très anciennes d'échantillons non représentatifs de la diversité de la population américaine.

Son appel a été rejeté. Mais pour certains c'est une avancée majeure, car des athlètes valides ont défendu leurs homologues handicapés. Cette controverse montre qu'il y a encore de nombreuses questions à résoudre.

AU-DELÀ DE LA BIONIQUE

Jusqu'à aujourd'hui, les prothèses bioniques ont essayé d'imiter le corps humain, sans y parvenir complètement. Elles ne sont pas encore aussi fiables et efficaces que lui. Néanmoins, au vu des avancées technologiques depuis le début du siècle dernier, on peut être sûr qu'elles vont encore s'améliorer. Aujourd'hui, les ingénieurs ne se demandent plus comment remplacer un bras, une jambe ou un œil, mais comment améliorer un membre valide.

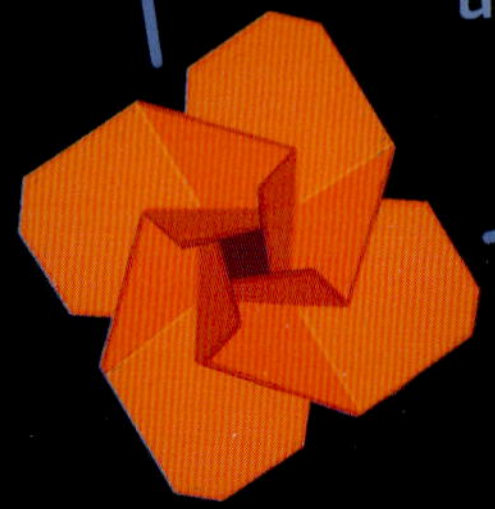

Les sciences et la technologie vont continuer à améliorer les prothèses, à les rendre toujours moins chères, plus fiables, plus efficaces et proches du fonctionnement de notre corps. Mais peut-être qu'un jour on s'interrogera sur ce qui fait un « bon » membre. Par exemple, un bras bionique est plus lent, moins maniable qu'un vrai bras. On doit le recharger régulièrement et on ne peut pas le plonger dans l'eau. Mais une main artificielle peut tenir un objet très chaud ou très froid, ce que nous ne pouvons faire sans nous blesser. Quand on marche, nos jambes s'adaptent au terrain, contrairement aux prothèses. Mais dans le futur, ces dernières pourraient nous faire courir plus vite que nos vraies jambes.

Au fur et à mesure que la technologie repousse les frontières du possible, notre conscience devient notre seul frein. Jusqu'où aller ? Y a-t-il des limites à ne pas dépasser ? Un jour, utiliser une prothèse pour chaque tâche pourrait devenir aussi banal que d'enfiler une paire de chaussures de course ou un équipement de plongée.

En se projetant dans un avenir très lointain, on pourrait imaginer que chacun de nos organes serait remplacé par une prothèse bionique. Les neurones de notre cerveau pourraient être des câbles en fibre optique, nos muscles, des fibres synthétiques plus rapides et puissantes… Mais la question deviendrait alors : « Qu'est-ce qu'être humain ? »

LES PUCES ÉLECTRONIQUES IMPLANTABLES

Les innovations bioniques actuelles visent à remplacer un membre ou une fonction défaillante. Mais on a aussi commencé à se demander ce qu'on pourrait ajouter à notre corps. On expérimente déjà cette augmentation au quotidien avec des écouteurs sans fil dans nos oreilles ou une montre connectée à notre poignet. La prochaine étape pourrait être de l'avoir littéralement dans la peau.

Une puce électronique implantable est une carte électronique de la taille d'un grain de riz, voire plus petite, qui peut être injectée sous la peau. On en utilise depuis les années 1980 pour marquer et suivre les animaux sauvages. Le plus souvent, ce sont des micropuces de radio-identification (RFID) qui communiquent par ondes radio avec d'autres équipements. On utilise par exemple la RFID lors du paiement sans contact. Kevin Warwick, un scientifique britannique, a été la première personne à se faire implanter une puce électronique, en 1998. Ces dernières années, quelques personnes ont implanté une micropuce sous leur peau pour accomplir des tâches complexes comme payer, déverrouiller une porte ou stocker des informations, comme on le ferait avec un Smartphone.

Intégrer ce genre de technologie dans son corps n'est pas anodin. Comme pour toute intervention chirurgicale, il y a un risque d'infection. Mais il y a aussi un risque d'infection par virus informatique. En 2009, Mark Gasson, un scientifique britannique, a implanté une puce dans sa main pour ouvrir la porte d'un immeuble. Un mois plus tard, avec son équipe, il a infecté la puce avec un virus informatique afin de prouver que celui-ci pouvait circuler d'un équipement à l'autre, et pointer ce danger. Gasson est devenu le premier humain infecté par un virus informatique. S'il n'en a pas souffert, il a annoncé qu'il ne serait sans doute pas le dernier.

Aujourd'hui, l'utilisation de ces micropuces est limitée à quelques fonctions simples, mais l'exploitation de leur potentiel ne saurait tarder. On a par exemple proposé de les utiliser pour localiser les athlètes lors des contrôles antidopage. Si les implants deviennent plus courants, ils pourraient jouer un rôle dans les enquêtes criminelles. Mais cette technologie intrusive porte aussi atteinte à la vie privée : on pourrait être espionné, surveillé, et nos données, piratées. Ce qui pose de nombreuses questions.

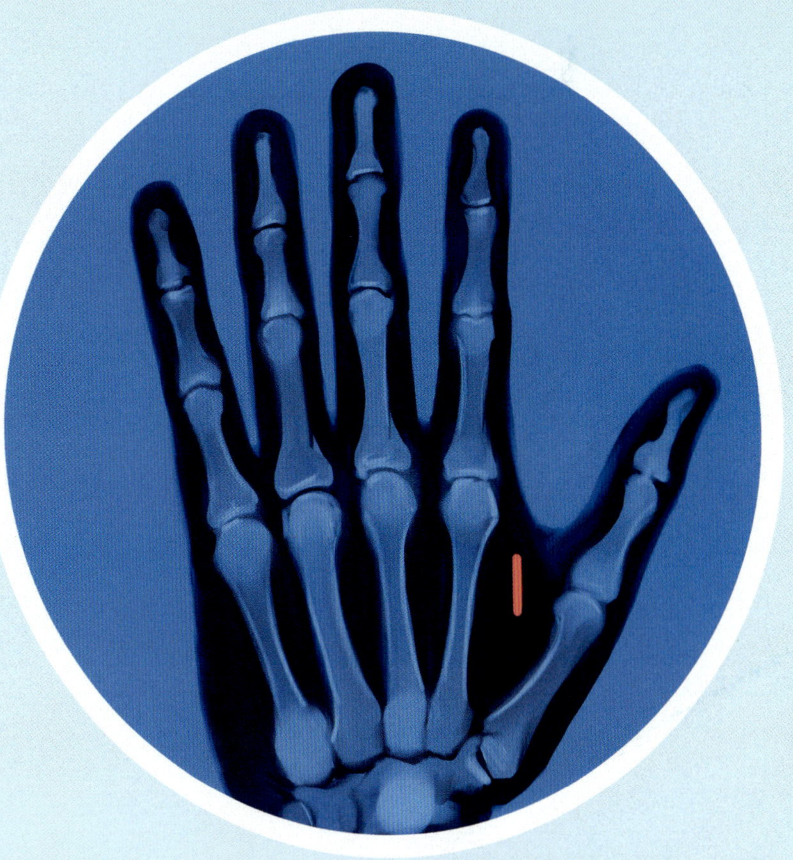

LES CYBORGS

Si la puce implantable marque la première étape de la fusion entre l'humain et la machine, alors le cyborg (contraction de « cybernétique » et « organisme ») est le but ultime. La cybernétique, c'est la science de la communication entre être vivant et machine. Le cyborg est « un organisme vivant doté d'organes naturels et artificiels capables de communiquer entre eux ». Historiquement, les cyborgs appartiennent à la science-fiction. Mais, d'un point de vue technologique, ce n'est plus le cas aujourd'hui.

L'ingénierie scientifique a franchi une étape très importante. Non seulement les chercheurs créent des prothèses pour remplacer des membres, mais ils savent aussi en concevoir d'entièrement nouveaux. Si on les connectait à notre cerveau, cela entraînerait la fusion entre l'espèce humaine et les machines. Autrement dit, on deviendrait des cyborgs.

LE CENTRE POUR LA BIONIQUE K. LISA YANG

Le professeur Hugh Herr est codirecteur du centre de bionique Yang au MIT (voir page 37). Surnommé le « leader de l'ère bionique », Herr a consacré sa vie à améliorer le lien entre humains et machines et à inventer les prothèses bioniques les plus perfectionnées.

Ces dispositifs sont conçus pour être reliés directement aux organes, afin que le cerveau les contrôle via les muscles et les nerfs restants. Ces prothèses transmettent aussi des « sensations » comme un vrai membre.

Les chercheurs de ce centre vont même plus loin : ils imaginent des membres qui n'existent pas dans la nature, comme des bras supplémentaires sur des exosquelettes ou même des ailes. En ajoutant ces attributs, on deviendrait des « super-humains ».

La recherche n'en est qu'à ses prémices, mais Herr croit que les humains pourront un jour accomplir des choses qui nous paraissent aujourd'hui impossibles. Les êtres humains du futur pourraient ne plus nous ressembler du tout. Notre conception de l'intelligence, des limites naturelles ou de l'identité pourrait en être complètement bouleversée.

NEIL HARBISSON

« Le plus grand défi pour les cyborgs sera d'être acceptés par la société. »

Neil Harbisson est né en 1984, atteint d'achromatopsie. Il ne perçoit pas les couleurs : il voit tout en nuances de gris, ce qui lui donne un point de vue unique. Il est très tôt attiré par les arts et la musique.

En 2004, une antenne est implantée dans son os occipital, à l'arrière du crâne. Cet appareil est équipé d'une caméra à une extrémité, et d'un implant transmettant les vibrations sonores à l'autre. Lorsque la caméra détecte des variations du champ électromagnétique, l'implant vibre, et Harbisson peut alors « entendre » les couleurs. Cette technologie le renseigne sur tous les aspects de sa vie quotidienne, des vêtements qu'il porte aux plats qu'il mange.

Comme cette caméra capte les rayonnements électromagnétiques, et pas seulement les couleurs, Harbisson perçoit des nuances invisibles à l'œil humain dans l'infrarouge ou l'ultraviolet. Cet organe supplémentaire lui permet de créer des œuvres d'art qui reflètent ce qu'il perçoit. Harbisson compare son « art cyborg » à de la sculpture, à la différence qu'il modèle son esprit pour créer d'autres perceptions de la réalité. Il a aussi fondé la Cyborg Foundation avec Moon Ribas. Ils ont chacun fait remplacer deux de leurs dents : la première par un bouton connecté par Bluetooth®, et la seconde par un vibreur. Quand l'un d'eux appuie sur son bouton, la dent de l'autre vibre : ils peuvent ainsi communiquer en morse quand ils le souhaitent.

Ces exemples illustrent ce à quoi pourraient ressembler les cyborgs. Au fur et à mesure que la technologie progressera, les interactions s'enrichiront. On peut tout imaginer.

LES ENJEUX

Aujourd'hui, les prothèses bioniques peuvent changer la vie : on peut équiper les yeux, les oreilles, les bras, les jambes, voire le corps entier. La science évolue de plus en plus vite et va toujours plus loin. Nous sommes face à une question essentielle : jusqu'où sommes-nous prêts à aller ?

D'un côté, la bionique offre une chance aux personnes handicapées de retrouver des capacités perdues à la suite d'un accident ou d'une maladie. Dans ce cas, les technologies de pointe devraient être accessibles à tous. D'un autre côté, les ingénieurs inventent des membres et des organes qui augmentent voire surpassent les capacités humaines. Des personnes bien portantes pourraient être tentées de remplacer leurs organes par des prothèses plus performantes. Cette éventualité paraît effrayante. Que va devenir l'humanité si nous commençons à créer des « super-humains » plus rapides, plus forts et plus intelligents que nous ? Est-il inévitable que la technologie surpasse la biologie ?

En prenant un peu de recul, on peut se dire que les êtres humains sont des explorateurs et des rêveurs dans l'âme. En regardant les étoiles, on s'est toujours demandé ce qu'il y avait là-haut, plus loin, dans le ciel. Notre espèce a développé toutes sortes de technologies et en invente encore tous les jours. Peut-être que dans le futur ces avancées nous conduiront à voyager à travers l'espace, à la recherche de réponses à nos questions. Nous pouvons continuer à expérimenter comme nous l'avons toujours fait, mais sans perdre de vue ce qui nous rend humains. Continuons à évoluer ensemble.

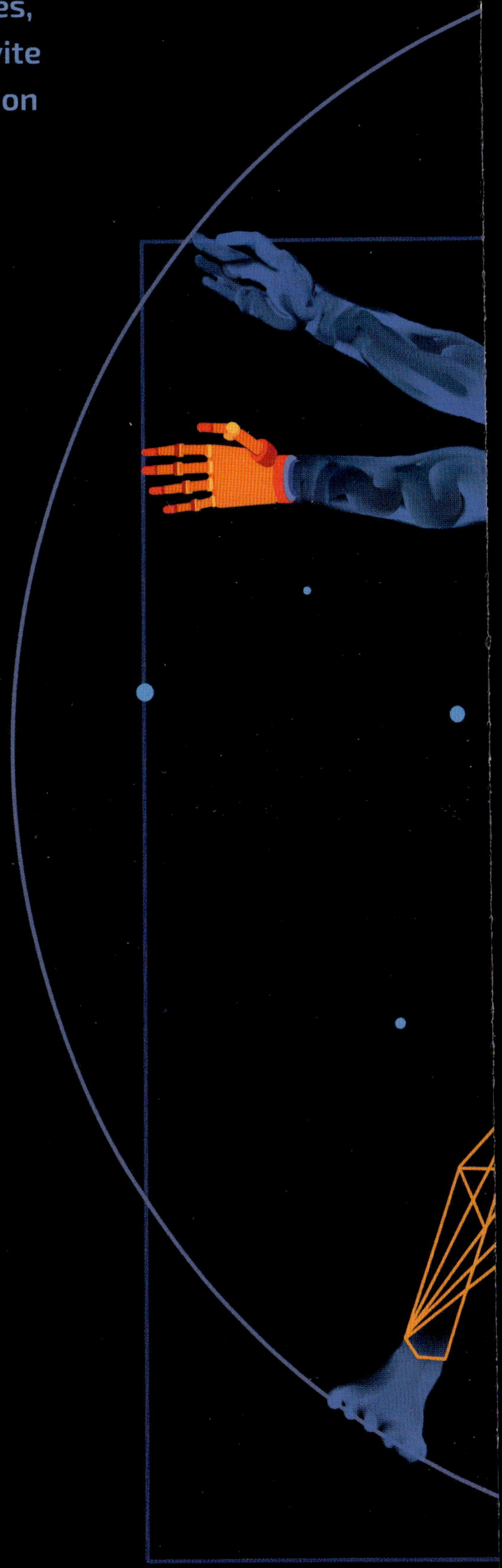

«L’imagination est plus importante
que la connaissance. Car la connaissance
est limitée, alors que l’imagination englobe
le monde en entier, stimule le progrès
et suscite l’évolution.»

Albert Einstein, 1931

À PROPOS DE L'AUTEUR

Patrick Kane est écrivain, conférencier, militant et ambassadeur d'Össur et du Sepsis Trust britannique. En 1998, à neuf mois, il contracte une septicémie à méningocoques et est amputé de trois membres. En 2010, il est le plus jeune patient au monde à être équipé d'un bras bionique. Depuis, il a été choisi pour porter la flamme olympique aux Jeux de Londres en 2012, il a présenté une conférence TEDxTeen en 2014, écrit de nombreux articles sur l'évolution du handicap grâce à la technologie, participé aux conférences World Wide Developer d'Apple en 2014 et à WIRED : Next Generation en 2015. En 2020, il a obtenu son diplôme de biochimie à l'université d'Édimbourg, en Écosse.

À PROPOS DE L'ILLUSTRATEUR

Samuel Rodriguez vit près de San José, en Californie. Ses œuvres sont exposées dans des galeries, des musées, des entreprises, et publiées dans des magazines. D'abord graffeur, il a bifurqué et étudié les beaux-arts au College of the Arts de Californie. Son style unique est né de ce mélange d'expériences. Sa passion pour l'hybridation sociale, historique et culturelle imprègne ses œuvres.

CHRONOLOGIE

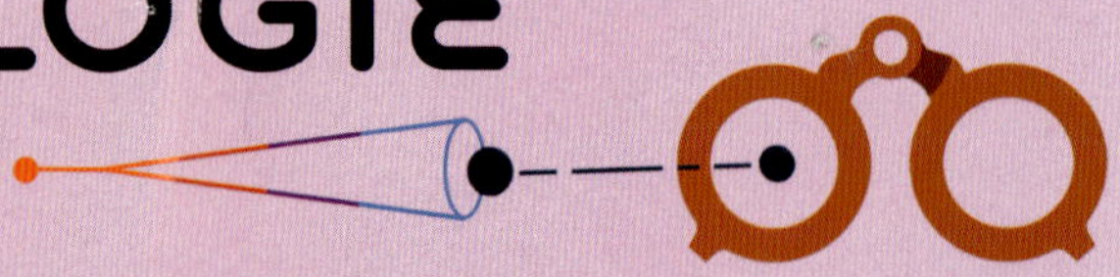

2900 AV. J.-C. Première prothèse oculaire retrouvée en Iran.

300 AV. J.-C. La jambe de Capoue, une des premières prothèses de jambe.

77 AV. J.-C. Premier écrit décrivant une prothèse.

ANNÉES 1010 Description par Alhazen d'une lentille convexe pour grossir une image.

ANNÉES 1200 Premières lunettes en Italie.

V. 1504 Main de fer du comte Götz von Berlichingen.

1564 Publication des *Dix livres de la chirurgie* d'Ambroise Paré, avec des schémas de prothèses.

1780 Observation d'un courant électrique dans les pattes d'une grenouille par Luigi Galvani et son épouse.

1818 Mise au point de la première prothèse mécanique par Peter Bailiff.

1846 Brevetage d'une prothèse de jambe articulée par Benjamin Palmer.

1900 Premières prothèses oculaires en matériaux synthétiques.

1948 Mise au point du premier dispositif myoélectrique.

ANNÉES 1950 « Bionique » inventé par Jack E. Steele.

1958 Arne Larsson, premier patient équipé d'un pacemaker fonctionnel.

1960 IXe Jeux de Stoke Mandeville, considérés comme les premiers Jeux paralympiques.

1971 Fabrication du premier exosquelette.

1972 Publication de *Cyborg*, le roman de Martin Caidin.

1980 Première implantation de micropuce.

1998 Premier bras modulaire Édimbourg.

1998 Implantation d'une puce RFID dans le bras de Kevin Warwick.

ANNÉES 2000 Commercialisation du pied PROPRIO FOOT® et du genou RHEO KNEE® par Össur.

2004 Neil Harbisson est le premier homme reconnu comme cyborg.

2006 Lancement de la prothèse rétinienne Argus II.

2008 Lancement du i-LIMB®.

2009 Première implantation d'un œil bionique sur Keith Hayman, au Royaume-Uni.

2009 Mark Gasson, premier humain infecté par un virus informatique.

2010 Record du monde du para-marathon par Richard Whitehead, amputé des jambes.

2012 Lancement des lunettes EnChroma®.

2012 Richard Whitehead, médaille d'or du 200 m T42 aux Jeux paralympique de Londres.

2012 Claire Lomas accomplit le marathon de Londres avec un exosquelette ReWalk.

2014 Premier exosquelette du MIT pour augmenter la marche.

2016 Premier Cybathlon organisé par l'Institut fédéral de technologie suisse.

2020 Blake Leeper, athlète paralympique, accusé d'être favorisé par ses prothèses.

2021 Vidéo de Neuralink montrant un singe qui joue à un jeu grâce à un implant cérébral.

2021 Création du centre de bionique K. Lisa Yang au MIT, États-Unis.